方法对了你就瘦了

李志敏◎编著

四川科学技术出版社

图书在版编目（CIP）数据

方法对了你就瘦了 / 李志敏编著. --成都：四川科学技术出版社, 2017. 7

ISBN 978-7-5364-8598-3

Ⅰ. ①方… Ⅱ. ①李… Ⅲ. ①减肥 - 基本知识 Ⅳ. ①TS974.14

中国版本图书馆CIP数据核字(2017)第074655号

方法对了你就瘦了

FANGFADUILE NIJIUSHOULE

出品人　钱丹凝
编　著　李志敏
责任编辑　王　勤
封面设计　润和佳艺
责任出版　欧晓春
出版发行　四川科学技术出版社
成都市槐树街2号　邮政编码 610031
官方微博：http://e.weibo.com/sckjcbs
官方微信公众号：sckjcbs
传真：028-87734039
成品尺寸　147mm×210mm
印　张　8　字数105千
印　刷　大厂回族自治县彩虹印刷有限公司
版　次　2017年7月第1版
印　次　2017年7月第1次印刷
定　价　38.00元

ISBN 978-7-5364-8598-3

邮购：四川省成都市槐树街2号　邮政编码：610031
电话：028-87734035

前言 Preface

曾几何时，“瘦”已经成为时代美的象征，瘦身更是一种时尚、一种潮流。很多都市丽人慨叹：“世界上最痛苦的事情就是一胖起来就五官尽毁，更痛苦的是一减肥就花钱耗时还反弹。”的确，肥胖严重地影响着外表美，是女性的天敌。于是，减肥瘦身就成了女性朋友追求美丽的一场持久战。

怎样才称得上肥胖呢？世界卫生组织的定义是：“体内脂肪组织超过维持正常生理所需，或过度累积直至危害健康的程度。”由此可见，肥胖不仅使人外表显得臃肿，而且还危害着人体健康。许多女性之所以发胖，是因为摄入的能量与消耗失去了平衡，额外吸收的能量储存于体内转化为脂肪，慢慢堆积就形成了肥胖身材。

脂肪过多容易导致各种疾病，如糖尿病、心脏病等都与肥胖有很大关系。另外，肥胖的人活动时，由于过重的体重使身体骨骼关节难以承受，从而导致颈部、腰部、膝盖、髋关节等严重受损。这也是肥胖的人经常感到颈部、肩膀、腰部疼痛，甚至有颈椎间盘突出、腰椎间盘突出的原因。

因此，减肥瘦身是一种势在必行的健康行动，它不仅仅是为了美，更是为了健康。然而，大多数人却在盲目减肥、不科学减肥的路上而不自知。诸如，本应该一日三餐好好吃保证必要的营养，却为了减肥节食而损害健康；或者为了减肥疯狂而过度运动，结果不仅没瘦下来反而带来一身伤痛，得不偿失。

追求完美的身材是女性一生的事业，甚至很多女性为了追求美丽，不断在脸上、胸部、腰腹部、双腿上“大动干戈”。事实上，如果没有认识到最根本的问题而一味使用错误的方法减肥，或者没有目标，不制订详细的瘦身方案，失败是必然的。

那么，如何瘦身才是科学的、成功的呢？其实，减肥瘦身的真谛就是轻松、健康、科学、有效，这也是我们写作本书的宗旨。本书分别从饮食、运动、按摩、穿衣搭配等方面进行阐述，教你在工作间隙、业余时间甚至是睡觉前，都可以体验瘦身的乐趣，让你在日常生活中轻松地瘦脸、细腰、翘臀、纤腿，快速拥有“S”形极致美丽和性感的身材。

同时，我们还提倡把减肥瘦身融入到生活中去。如果每天都念叨着“减肥”二字，那得有多烦恼，而当瘦身已经成为一种习惯，不知不觉地践行着，那么，恭喜你，你离减肥成功已经咫尺之遥。

最后，需要说明一点，减肥不是一次快速的短跑，而是一场全程马拉松。只有在行动中一点一滴地坚持下去才会成功。我们更要知道，减肥是为了健康，“瘦”不一定长寿，但长寿的人一定不胖。希望本书能陪你享“瘦”每一天，让你瘦身不受罪，减肥不反弹，彻底塑造完美身材！

编　者

第一章 享“瘦”人生，揭开肥胖真相

第二章 瘦身先瘦脸，“脸”好才自信

第五章 瘦不瘦看腿，性感还属大长腿

附录

▶第一章 享“瘦”人生，揭开肥胖真相

你应该明白肥胖的真相

肥胖有因，为什么是你

凡事皆有因，任何一个人都不可能无缘无故地成为胖子。有些女性腰上、腹上、臀上、腿上的赘肉肆无忌惮地疯长，而有些女性这些部位却能保持良好的线条，这究竟是为什么呢？

我们为什么会变胖？大多数人都知道是人体摄入的热量超过机体所消耗的热量，过多的热量在体内转变为脂肪并大量蓄积引起的。你可不要认为这是标准的科学回答，因为造成肥胖的原因要远比你想象得复杂。总结起来，可将导致肥胖的原因概括如下。

1. 内因：遗传基因

有句话叫“物以类聚，人以群分”。如果你“不幸”和胖子

“混”在一起，会不会也变成小胖子呢？答案是有可能的。调查发现，父母体重正常，其子女肥胖发生率仅为8%～10%；父母中有一人肥胖，子女肥胖发生率约为40%；父母均为肥胖人群，子女肥胖发生率高达70%～80%。由此可知，如果你和家人都肥胖，那么减肥就会显得困难得多。

2. 外因：外部环境

我们知道，环境能影响一个人，生活中很多不好的习惯会潜移默化地影响到体重。虽然这些习惯一时半会儿看不出它们的危害，但时间久了，就会不自觉地造成体重上升。如果想要更有效地保持体重，就应该把这些坏习惯统统改掉。

（1）零食不离身。零食是女性的最爱，很多女孩都喜欢备一些，如果零食摆在触手可及的地方，难免会忍不住吃进更多的食物。如果实在想吃，最好把健康的麦片、水果等零食摆在面前，将高热量、低营养的食品藏到柜子里，这样就可以放心地吃了。

（2）用餐无规律。有些女性因为工作等其他原因，两餐之间间隔时间很长。人体稳定的葡萄糖摄入能帮助我们维持每天所需的能量，同时也有助于提高新陈代谢。如果两餐之间时间相隔过长，人体就无法及时补充葡萄糖，而且还影响下一次进食，对减肥非常不利。

（3）边吃边娱乐。如今，人们忙到连吃饭的时候都丢不下手头的事，比如一边进餐，还一边上网、看电视，这样容易造成饮食过量，因为一心二用会使大脑处于忙碌状态，并延迟传递“饱了”的信息，不知不觉就吃多了。

（4）压力过大。或许很多人不解，压力大应该瘦下去才对啊！其实，压力会让我们体内的应激激素升高，为了缓解压力，我们迫切需要糖类来“中和”应激激素，这样，就会点燃人们对富含糖类食物的激情，从而更容易堆积脂肪。

（5）懒惰不爱动。运动有助于消耗脂肪。如今，随着交通工具的发达、工作的机械化、家务量减轻等一系列变化，人体消耗热量的机会更少。另外，人们摄取的能量却并未减少，大多数人变得慵懒、缺乏运动，再次降低热量的消耗，导致肥胖的发生。

如果你有着这些不良的生活方式和生活习惯，就不要抱怨为什么肥胖的只是你。你能做的就是改变，学会瘦身的吃法，学会选择瘦身的食物，学会健康规律的生活，在潜移默化中改变自己，养成健康的生活方式，才能一直瘦下去。

为什么说“成也脂肪，败也脂肪”

说起脂肪，你脑海中会出现怎样的景象？是大腹便便的将军肚？还是餐桌上油腻腻的肥肉？甚或是禽肉市场里满是油脂的各种肉类……这些关于脂肪的不好印象，大多数人唯恐避之不及，难道脂肪真的一无是处吗？其实，这只是片面的看法而已。

1. 脂肪并非一无是处

脂肪，是每一个人都熟悉又不甚了解的物质。一直以来，它在人们心里的形象都是负面的，一听到“脂肪”这个词，人们马上会联想到臃肿的身材、不健康的饮食、某些慢性疾病的罪魁祸首。难道脂肪真的如此遭人厌恶吗?

其实，脂肪有着不可替代的作用，它由碳、氢和氧元素组成。既是人体组织的重要构成部分，又是提供热量的主要物质之一。从营养学的角度看，某些脂肪酸对大脑、免疫系统乃至生殖系统的正常运作十分重要。不过人体自身不能合成脂肪，需要从膳食中摄取，大量摄入多不饱和脂肪酸有助于健康和长寿。

2. 脂肪也有好坏之分

或许你还不知道人体存在着两种脂肪：一种是白色脂肪，另一种是棕色脂肪。白色脂肪堆积在皮下，负责储存多余热量；棕色脂肪负责分解引发肥胖的白色脂肪，将后者转化成能量。由此看来，脂肪也有好坏之分。

我们常常说的肥肉其实就是白色脂肪，白色脂肪广泛分布在人体内皮下组织和内脏周围，占人体脂肪的大多数。主要的作用是充当机体的能量仓库，将体内过剩的能量储存起来，以供机体在需要的时候使用。如果热量摄入过多，或者消耗减少，就会造成脂肪囤积。

棕色脂肪仅在人类婴儿时期发挥作用，帮助维持体温。成年后，只有少量棕色脂肪分布在颈部，但数量因人而异。棕色脂肪可以帮助减肥人群消耗多余体脂，同时可以预防由肥胖引起的Ⅱ型糖尿病。尽管成年人体内残存棕色脂肪，但只有受寒冷激发才能活跃，发挥减肥功效，不过也有一些肥胖者体内的棕色脂肪组织不为寒冷“所动”。

3. 好身材“成在脂肪”

由上述可知，肥胖主要是白色脂肪惹的祸，是不是把白色脂肪消灭掉就万事大吉呢？如果这么做，恐怕并不能如你所愿。对于人体来说，适量的脂肪中看又中用。正常人体脂肪含量在27%左右，这些脂肪填平肌肉和骨骼的沟壑，“柔和”身体的轮廓，使身材看起来更加饱满。更重要的是，脂肪能减少身体热量损失，维持体温，减少内部器官之间的摩擦并且缓冲外界压力。

另外，脂肪还与雌激素水平有关。除卵巢外，脂肪组织也是雌激素生成的一个来源。女性体内脂肪至少要达到体重的22%，才能维持正常的月经周期。这也是成年女性能够怀孕、分娩及哺乳的最低脂肪标准。由此可见，脂肪是成就好身材的必要因素。

4. 坏身材“败在脂肪”

适量的脂肪对身体有益。但凡事过犹不及，一旦过量的脂肪囤积在体内，就会给健康带来各种各样的问题。比如，过多的脂肪严实地包裹内脏，会影响脏器的正常功能；内脏脂肪再通过肝脏代谢被转化成胆固醇进入血液，可能造成多种心血管疾病。

我们要科学地认识人体脂肪，脂肪对人体既有积极的意义，也有消极的影响。对待脂肪，应该像交朋友一样，辨清好坏，保持合适比例的脂肪才是我们健康所必需的，盲目减肥瘦身只会损害自身健康，因此减肥一定要适可而止。

激素，也有助于减肥

激素也能减肥，这听起来似乎有点难以置信。其实，能量的摄入与消耗不平衡并非一直被认为是肥胖的主要原因。第二次世界大战前，欧洲学术权威和绝大多数医学教科书都认为，肥胖和其他生长缺陷一样，都与激素调节上的缺陷有关。当时的科学家认为，之所以会出现肥胖，是因为影响脂肪存贮的激素和酶发生了异常变化。

在一项研究中发现，只要低剂量的生长激素就能帮助减肥，而且效果持续超过9个月。这很好地证明了只要少量生长激素就有助于肥胖者减肥。很多肥胖者减肥困难，就是源于他们体内的生长激素低于正常人。

研究是这样进行的，给59位肥胖的男女夜间注射200微克的生长激素，持续一个月后，接下来的5个月提高剂量，男性每天400微克，女性每天600微克。由于身体会随着时间对药物产生抵抗，所以有必要增加剂量，所有人都依规定饮食，并且调整生活形态及运动。结果有39个人完成这6个月的治疗，研究结果显示，使用生长激素的人体重平均减少7.5千克左右，并且维持超过9个月。此外，其他一些外源性激素也能起到很好的减肥效果。

（1）异黄酮类雌激素。大豆中的异黄酮能直接影响女性的雌激素分泌状况，调节代谢活动，对健康减肥、塑造健美身材有很大好处。含有这类激素的食物有大豆、豆制品等。

（2）木脂素类雌激素。相对于大豆异黄酮来说，木脂素这个概念比较不常听到，其实它也是一种植物雌激素，能清除身体里的自由基，对调节机体功能有很好的效果。含有这类激素的食物有芝麻、燕麦、小麦等。

（3）二苯乙烯类雌激素。如果说木脂素类走的是平民化路线，那么二苯乙烯类雌激素无疑就是高端路线的代表者，它主要存在于一些高等植物中。含有这类激素的食物有葡萄、花生等。

（4）香豆雌酚类雌激素。苜蓿、紫花苜蓿含有这类激素，苜蓿也被称为“金花菜”“草头”，以较高的营养价值和较强的肠胃清理功能闻名，而香豆雌酚类就是紫花苜蓿中的主要雌激素成分。苜蓿可以清炒，也可以蒸煮。

虽然激素有助于减肥，但是也要注意，激素如果分泌不均衡，会严重影响身体的健康。如果你想依靠激素来帮助减肥，千万不可乱服用药物，遵循医嘱是最安全的做法。

你是不是该减肥了

很多女孩子为了减肥，不吃这个不吃那个，但她们看起来其实并不胖；也有些瘦人即便是胡吃海喝也胖不起来，但是体脂却在慢慢地升高。到底怎样才算胖？什么时候该减？单从外表来看是很难判断的，需要一定的标准来界定。

1. 肥胖有标准

对于肥胖，我们有最新的评估指数，也就是身高体重指数（BMI），其公式为：

BMI=体重（千克）÷〔身高（米）×身高（米）〕

数值在18.5～24.9之间为正常体重，大于或等于25为超重，大于或等于30为肥胖，大于或等于40为严重肥胖。

这里需要注意的是，新的标准把旧标准BMI为25～26.9的“正常”体重者划入“超重”之列。如果你还陶醉在旧标准的“安全感”之中，就应当引起重视。当然，这个标准不适合未满18周岁的未成年人、运动员、怀孕或者哺乳期的人群。

2. 皮下脂肪知胖瘦

BMI指数只是评估体重和身高比例的一个依据，并不能直接反映身体脂肪的含量。要想判断一个人是不是肥胖，还需要从体脂来衡量，这就需要结合体脂成分测定，来综合评估身体健康的程度。人体体表不同部位皮下脂肪的厚薄不一样，常用测量皮下脂肪厚度的部位包括背部肩胛骨下端处、上臂部外侧肘关节与肩峰之连线中点、胸部中点、腹部等部位。

具体的测量方法是用左手拇指和食指将测量部位的皮肤和皮下组织轻轻捏起呈皱褶状，皮褶与身体长轴平行，右手持卡尺或皮肤厚度测定仪测量皮褶根部厚度。然后将捏起的皮褶放松后再次捏起测量，连续测三次，取其平均值。测量时施加在皮肤上的压力要适中，不宜过大或过小。

一般来说，35岁以前，正常人的体脂率在27%以下，35岁以后，体脂率有一定的增加，但不会超过29%，超过即为肥胖。

3. 腰臀围指数

如果BMI数值正常，体脂率也正常，是不是就不会肥胖了呢？其实，你还可能会有将军肚、肥臀这些身体上局部突起的肉肉，这就是局部肥胖。虽然很多人BMI数值不高，但局部脂肪堆积或分布异常的人群却相当庞大。因此，是否肥胖还需要检测腰臀围指数。

腰围指数=腰围（厘米）/身高（厘米）

腰围指数在0.5以上，偏于腹型肥胖，应考虑减肥，因为该类人群容易患脂肪肝、高血压、高血脂等常见病。

腰臀比=腰围（厘米）/臀围（厘米）

亚洲男性的腰臀比平均为0.81，亚洲女性平均为0.73；欧美男性平均为0.85，欧美女性平均为0.75。最令人羡慕的女性腰臀比是0.7。当男性腰臀比大于0.9，女性大于0.85时，是腹型肥胖者，应该考虑腹部减肥。

如果你还在纠结该不该减肥的话，不妨按照以上三种方式对自己的身体进行一次检测，相信你会很快得到答案。如果数值超过标准，就应针对不同的肥胖程度，采取不同的方法，开始你的减肥之路吧！

为什么节食减肥会越减越肥

少吃点大概是很多女性减肥的口头禅，迈开腿嫌累，也只好管住嘴。只要对自己残忍一点就行，况且，这种节食减肥方法似乎无懈可击——热量摄入少于消耗，入不敷出，减肥就只是时间问题了。节食减肥真的就这么简单吗？

如果大家都这么想，那岂不是没有胖人了？节食减肥虽然不需要花大量的金钱，而且还可以DIY，在家里安排自己的饮食。但是长时间节食减肥，不但效果不尽如人意，而且会对身体造成一定的不良影响，营养不良就是其中的危害之一。

节食减肥虽然不会让你变得面黄肌瘦，但不要以为外表看起来粗壮就不会营养不良，比如一些少量营养素，如维生素、矿物质缺乏时，并不会引起身体外观的明显变化，可是却会造成相当大的并发症。节食减肥如果不能贯彻多样性、营养均衡及低热量的饮食原则，减肥只会事倍功半，也会失去减肥的真正意义。

相信很多节食减肥的人，都有过这样的经历：刚开始节食的时候，体重下降的确很明显，可是后来体重降到某个程度之后就再也下不去了，甚至开始慢慢回升，最后只好以失败告终。其实，减不下去是因为身体的基础代谢率出了问题，节食减肥的基础就是要让每天所摄取的热量低于每天所要消耗的热量，这样就可以把原先堆积的脂肪慢慢消耗掉，从而达到减肥的目的。

虽然这看起来很理想，但人体是一个非常微妙的组合。当节食或断食时，因为摄取的热量低于维持正常生理作用的需求，所以经过一段时间后，身体会主动将基础代谢率往下调整，也就是说原本你可能一天的热量需求约为6.28千焦，如果你因为节食每天只吃约5.02千焦的热量，一开始当然体重会下降，但是节食一段时间后，身体就会将每日需求往下调整约为4.18千焦，这时如果你仍每天摄入约5.02千焦热量，就起不到减重的作用了，这也正是节食减肥者在减到一个程度之后就再也减不下去的原因。

想要真正瘦下去，还是那句老话“少热量，多运动”才是减肥正道，也就是说保持一定的饮食量，适当地节食，然后通过多运动来消耗体内多余的热量；因为运动不仅可以消耗热量，而且还可以提高身体的基础代谢率，以确保吃进去的热量低于你所消耗的热量，这样减肥才能成功。

为什么自己瘦不下来

很多女性朋友许久不见就瘦了一大圈，自己每次看减肥广告，也认为减肥是一件超级简单的事。然而一旦自己开始减肥，所有的方法都不灵验。有时候即便是辛苦节食、努力运动，用尽全力也收效甚微。难道减肥也这么看脸吗？其实，很多时候我们真该多问问自己方法是否正确，或许答案就出来了。那么，有哪些因素会让你瘦不下来呢？

1. 年龄超过35岁

女性过了35岁之后，体重很容易增加。因为此时女性身体内的各个器官机能开始走下坡路，比如呼吸系统、心脏机能等都会走下坡路，相应的代谢也会受到影响，身体热量的消耗会减少，从而有一大堆脂肪堆积下来无法消耗，并主要堆积在腹部、臀部及腿部。

2. 总是有想吃的念头

减肥饿肚子是行不通的，但如果肚子不吃得饱饱的就不罢休，这也是瘦不下来的原因。这种食欲异常大多是大脑过度疲劳，要消除疲劳，就必须使脑部活性化，改变不规律的生活习惯，如此才能使脑部放松，达到抑制食欲的目的。

3. 总是睡得少

睡眠缺乏会降低一种调节身体脂肪的蛋白质——瘦蛋白的水平，而提高一种促进生长的饥饿激素的水平，这种激素会刺激你增加食物的摄入，甚者会增强你的饥饿感和胃口。所以不要以为醒着的时间越长，消耗的热量越多。事实上，65%左右的热量是在睡觉时消耗掉的。如果晚上能睡个好觉，每天保证8个小时睡眠并努力使之养成规律，你的激素就会少受干扰，减肥也就不受影响。

4. 药物的影响

有些药物和体重增加有关系，关于口服避孕药的一项研究发现，服用者的体重会有所上升。此外，抗抑郁药、β受体阻滞剂及抗组胺药也能使体重增加。如何避免让减肥受药物影响呢？最好的办法就是咨询医生，问问医生体重增加是不是你所服药物的副作用之一，有没有其他更好的选择。

5. 过于苛求自己

每天做50个仰卧起坐、把食量减少一半、一定要在一个月内减5千克！诸如此类的雄心壮志，一心想要减肥成功有时候反而会适得其反。目标设定得太高往往容易“挫败”，过于苛求自己也是减肥失败的根本，所以减肥不要勉强，须持之以恒方能成功。

如果以上这些原因，你或多或少都存在，那也就不难想象为什么瘦不下来了。减肥虽然有方法，但如果不注意一些事项，减肥路上难免会增添很多不确定因素，使减肥效果大打折扣。

减肥初期，忌以体重论成败

处于减肥中的女性，最关注的应该是体重计上的数字了。或许每次站在体重计上，你都会忐忑不安，因为你害怕看见跳跃的数字，一旦你发现数字变小了，便会欣喜若狂；如果数字增长了，便会立刻沮丧起来。其实，这些增减的数字变化，有时候也是“恶作剧”哦！

1. 体重增减并非唯一指标

减肥期间，很多人把体重当成唯一的衡量指标。但这个指标也很可能造成误导。举个例子，如果一个人脂肪含量下降2千克，肌肉比

例上升2千克，看起来是体重保持不变，但肌肉比重增加、相同重量的肌肉比脂肪体积小，于是人看起来就瘦了，这其实就是我们所说的塑形，尽管体重变化不大，但腰围、臀围、大腿围和上臂围都会明显变小。

2. 体重不降，身体也受益

很多人在经过一段时间的减肥而体重不降之后就开始灰心，于是开始放弃合理的饮食与运动方案。其实，每个想减肥的人都希望体重下降，但千万不要因为体重不降就放弃。即使体重没有明显地下降，合理饮食与运动也能够改善肥胖者体内代谢紊乱的状态。

3. 运动不减重是正常表现

运动使身体内脂肪减少、肌肉增加，所以体重并不下降。运动消耗能量促使体内储存的脂肪氧化分解，使脂肪减少。与此同时，运动过程中要频繁地收缩肌肉和用力，会刺激肌纤维增粗、肌肉量增加。在体内，肌肉组织的含水量远高于脂肪组织含水量，所以肌肉比脂肪“重”。运动即使不减重，也一样要坚持。

综上来看，如果减肥期间总是在乎体重减没减，非常容易打击自身的减肥信心，使减肥难以继续下去。尤其是一些不明白为什么体重不减，而怀疑方法不对的人，更会轻易放弃。

别再轻信这些减肥误区

长期吃素食，就能瘦下来

以前由于生活条件的限制，吃素成为人们的常态。然而今天，素食却变成了许多女性任重道远的减肥法，尤其是缺乏运动的都市白领更是奉“素食”为减肥法宝。甚至吃素减肥成了一种风潮，很多人坚信，长期吃素就能瘦下来。不过，营养专家认为，吃素不当同样会发胖，因为素食的烹调手法决定其热量及脂肪含量。

1. 素食“隐性脂肪”含量多

素菜与肉类不同，自身脂肪的含量较低，于是很多人便以为吃素就能保持体重，其实不然。素菜往往在口味上逊于荤菜，但人们为了增加素菜的香味和口感，在烹饪过程中一般会多放油和调味料。如此一来，这些植物脂肪也会不经意间被摄入体内。所以，肉食不是百病的根源，素食也不一定就健康，关键要看怎么吃，吃多少。因此，减肥的女性不要一味地追求素食。

2. 每周两天素食对身体有益

吃素食的人认为，豆腐和青菜搭配，既能补充蛋白质又能补充维生素和植物纤维，能保证人体基本营养需求。其实，豆类和蔬菜的氨基酸不完整，需要与荤菜搭配才能产生完整的氨基酸。并且，植物性食物中所含的锰元素很难被人体吸收，只有肉类食物中所含的锰元素才容易被人体吸收。

如果完全不吃荤（包括牛奶、鸡蛋），很容易导致营养不均衡，免疫功能变弱，容易患各种传染病，还容易患贫血、骨质疏松等疾病。而正常人每周吃素两天，不但能减少吃荤引起的高脂肪摄入，还能清肠道，对心脑血管更有益处。而且，素食中总碳水化合物和膳食纤维含量很高，可以使饱和脂肪酸显著降低。

3. 素食不可缺少蛋、奶食物

吃素减肥不是不可以，不过必须加上蛋类和奶类食物，这样就不会出现严重的营养缺乏症。所以，如果你只是出于减肥的目的吃素，千万不要把鸡蛋、牛奶和酸奶丢弃。不然，即便是减肥成功了，也会疾病缠身，整个人精神萎靡。因此，完全吃素的人，除了要注意多吃豆类、菌类和蔬菜类食物，还要补充适量的复合维生素、膳食纤维素等。

喝醋减肥有益健康

减肥的方法很多，但是真正有效果的却不多，喝醋就是其中之一。为了拥有窈窕的身材，很多女性开始尝试各种减肥方法，以期夏天来临之时能一展好身材，于是便开始喝醋，因为她们认为喝醋既可以消食，还可以减肥。

其实，喝醋能不能减肥存在很大争议。虽然“吃醋有益健康”的说法流传已久，美国曾经也流行喝苹果醋，甚至有好几本相关的书籍问世，教人怎么喝醋健身；钟爱醋的日本人更把醋视为预防百病的灵丹，各种醋疗法，诸如醋蛋、醋豆常常掀起一阵阵饮食风潮。

也有不少人在日常生活中力行喝醋。民间关于喝醋对身体的好处说法众多，比如喝醋能促进新陈代谢、消除疲劳、降血压、防止心血管硬化、调整血液酸碱值来预防疾病、帮助消化、减肥，等等。

喝醋减肥法曾经风行一时，日本、中国台湾就流行过将黄豆泡在醋里腌制成醋豆，只要每晚吃10～20颗，就能达到减肥效果。之所以说喝醋可以减肥，是因为醋能提高身体的新陈代谢，防止脂肪堆积，但目前一直没有营养专家和医学上的研究证明其是否有科学性。如果真要说喝醋能减肥，可能是大量喝醋喝饱了，吃不下其他食物，或是以吃醋豆取代平常的高热量饮食，相比之下，热量摄取就减少了。

另外，食用的醋豆、醋花生等醋制品替代了高热量饮食。相对来说，热量摄入减少可以帮助瘦身，但这种方法并不适合长期坚持，它不仅会导致营养缺乏，更重要的是喝醋的时机和分量不当反而伤身。对于有过瘦身经验的人来说，在不断的瘦身尝试中胃肠功能往往都有不同程度的损伤，本来就可能存在胃酸分泌过多的情况，因此喝醋就更应适量，不可随意尝试喝醋减肥。

长期喝醋减肥容易造成营养缺乏、营养摄入不均衡，大大损害健康。相反地，有些醋类饮品如水果醋饮料里会加入大量的糖来提升口感，热量也不低，喝这样的醋饮料减肥效果也是很有限的。

吃菜不吃主食，真的不长肉

餐桌上经常能听到女性朋友说："应该少吃主食、多吃菜；主食就是淀粉，没有营养，营养都在菜里。"不少女性甚至把这一条奉为减肥的"至理名言"，更有甚者是"不吃主食只吃菜"。表面上看，这似乎很有道理。然而，从科学营养的角度来看，长此以往，必然会对女性健康造成影响。

我们知道，人体维持心脏跳动、血液循环、肺部呼吸、腺体分泌、物质转运等重要生命活动及从事各类体力活动等都需要消耗热量。这些消耗的热量主要靠食物中的糖类、蛋白质和脂肪提供，这三类营养物质中，糖类和蛋白质的净热能系数相当，而脂肪的净热能系数要高1倍多。

一般情况下，在较长时间内，健康成年人摄入的热量与消耗的热量经常维持在相对的平衡状态，一旦出现不平衡，摄入热量过多或过少就会引起人体体重增加或减轻，导列肥胖或偏瘦，不利于人体的健康。因此，对于体型肥胖的人而言，应尽力减少热量的摄入，以降低体重，保持健康。

不吃主食可少摄入糖类，确实能够减少摄入的能量，但究竟能不能达到减肥的目的，还有一个关键的因素就是摄入菜肴的种类和数量。除了米饭、面粉等糖类比例很高的谷类作物外，有些菜肴也含有较为丰富的糖类，如土豆、红薯、栗子等淀粉含量较高的食物；还有些菜肴烹调过程中使用较多的油脂，大量进食这类菜肴容易导致含热量很高的脂肪摄入过多。

由此可见，如果只吃菜，摄入热能总量过高不仅达不到减肥的目的，反而可能引发一些因摄入营养素不均衡而产生的疾病。科学减肥还是要坚持“两手抓”的传统方法，只有一方面均衡膳食，合理摄入各类营养素，并控制总热量的摄入，另一方面坚持规律运动，增加热量的消耗，如此，才能健康地瘦下来。

吃辣椒能减肥

俗话说：“四川人不怕辣，贵州人辣不怕，湖南人怕不辣。”吃辣，是南方地区人们的饮食偏好。可如今在减肥界，从韩国吹来一股“辣椒能减肥”的新风潮，辣椒便又成为一些减肥女士的新宠。辣椒真的能减肥吗？事实恐怕会令你失望。

辣椒能减肥，是因为吃辣椒后辣椒素通过刺激交感神经，使体内肾上腺素水平增加，进而加快新陈代谢，并且促使热量消耗增加而达到减肥的目的。实际上，这是人体对外界刺激的一种应激反应，即人体对不适应现象所引起的生理保护性措施。

对于不习惯吃辣椒的人来说，这种刺激会有一定的减肥作用，但对于嗜辣如命、经常吃辣的人来说根本没有任何效果。也就是说，不吃辣的人偶尔吃辣确实能增加体内能量消耗，使全身发热、出汗、心跳加快等，伴随着对辣椒的适应，这种现象就会慢慢地消失。

再者，如果说辣椒能减肥，那嗜辣地区是不是就没有胖人了呢？事实恰恰相反，嗜辣的人肥胖的可能性更大，这是因为辣椒在烹调过程中须加进大量的盐、油或鲜味料，这样烹调出来的辣味食品就成了受人欢迎的美味，吃下去后使人胃口大开，极易摄入过多的能量而导致肥胖。

所以，辣椒瘦身其实并不靠谱，减肥也不是每天靠吃些辣椒就能成功的。此外，很多人对辣椒瘦身存在着一定的误区，吃错了会伤害自己的身体，以下几个观点是应该切忌的。

（1）越辣消耗越大。很多食物真的非常辣，常常让你吃到汗流浃背，眼泪鼻涕狂流不止，甚至是头皮发麻，这样消耗是很大，但是并不能抵消放了辣椒里其他菜品原本的热量，所以不是越辣就代表着一定消耗大。

（2）辣椒蔬果代替三餐。很多人为了能快速地达到减肥效果，就开始不吃正常的三餐，由于辣椒蔬果几乎不含人体所需的蛋白质、糖类和脂肪，满足不了每天身体所需的营养和能量来源，很容易导致身体免疫功能降低，对健康有害无益。

（3）任何人都可以食用辣椒。辣椒对胃肠刺激非常大，所以不能盲目地吃辣，光顾着减肥而不顾身体健康，胃肠不好的人就不适宜经常吃辣。

总的说起来，吃辣有一定的减肥效果，但是难以持久和彻底，解决不了根本问题。过量吃辣椒还会对胃肠带来伤害，尤其处于青春发育的男女，吃辣椒易上火，会产生青春痘等问题。所以，为了健康，还是不要盲目地相信辣椒能够减肥。

喝减肥茶、吃减肥药就能瘦

减肥瘦身并非一日之功。很多肥胖人士，尤其是女性，怀着迫切的心情，希望能够快速瘦下去，于是相信所谓的减肥药、减肥茶，吃了就能瘦。若果真如此，减肥也就不会这么困难了。

要想瘦下来绝不是吃几粒减肥药、喝几杯减肥茶就能达到目的的。近年来，不少减肥人士热衷服用所谓“纯中药”清肠类“减肥茶”。从科学角度来说，如果一些人通过饮食控制和运动结合的方法还不能降低体重，或者一些肥胖者大便过于干燥，通过服用一些辅助的减肥茶来加快肠道蠕动，是能够达到通畅作用的。但如果把减肥茶当普通茶饮用，久了则会损伤肠道，导致胃肠功能紊乱。

减肥茶通常都添加了常用的通便中药，如大黄、番泻叶、决明子、芦荟等，这些中药都属于蒽醌类药物，能软化大便，并通过刺激大肠增加蠕动而排便。但这些通便中药适合于短期便秘的治疗，如果长期服用，则会使肠壁神经感受细胞的应激性降低，从而使肠壁神经细胞发生变性等改变。在这种情况下，即使肠内有足够粪便，也不能产生正常蠕动和排便反射，导致胃肠功能紊乱，从而造成顽固性便秘。

由此可见，减肥茶虽然有助于通畅肠道，但长期服用会有副作用，而且减肥效果也只是治标不治本，因此喝减肥茶是不提倡的减肥方法。

另外，减肥药也很受一些肥胖人士的推崇。说起来真的不得不佩服厂家的想象力：减肥药里居然含有活的绦虫卵！吃下去虫卵进入消化道，孵化出绦虫，不断地吸取食物中的营养物质，抑制甚至破坏食欲，从而减肥。只是整日与虫共生，得需要多大勇气？

再有就是拿“新陈代谢”说事儿的减肥药了，美国曾生产过这种“提高新陈代谢，更多燃烧脂肪”的减肥药，含有从动物身体中提取的甲状腺素或类似物质。其特点就是加速人体新陈代谢，直至发生紊乱。服药后，人体将在极短的时间里迅速消瘦，同时出现类似甲状腺功能亢进的症状，如双手震颤、腹泻、盗汗、怕热、心跳加快等。

这些减肥方法真是不可思议，如果真要通过这样的方法来减肥，相信很多人宁愿健康的胖着。所以，减肥需要选择健康的方式，千万不要轻信吃药、喝茶就能轻松瘦下来。

甩一甩就能甩掉脂肪

自从减肥这件事情开始火起来之后，各种减肥广告铺天盖地袭来，尤其是一些器械减肥产品迅速吸引了众多消费者的眼球。比如，有的甩脂机广告声称："剧烈地振动，疯狂地甩脂，每天只需站在上面5～10分钟，就能迅速甩掉脂肪，成功减肥。"

有的广告甚至误导消费者："现在的温度是38.5℃，这说明脂肪在燃烧。甩过之后用纸擦拭，现在纸上面全是油，连油都甩出来了。只要消费者使用它，就可以把体内的脂肪甩掉。"人体的脂肪真的可以通过甩一甩，就像排汗一样排出体外吗？

其实，甩脂机就像按摩器，它只是使人体的某个部位被动接受运动后发热出汗。每天5分钟，并不能让脂肪燃烧起来，而且通过这种低频震动把脂肪震出体外也是不可能的。人体的体表具有强大的保护屏障的功能，脂肪即便会被甩成小颗粒，也是不可能跑出体外的。广告中所说的满是油脂的纸巾，上面其实是人体汗腺和皮脂腺的分泌物。

甩脂这种被动运动很难达到减肥的目的，主动运动才会有效果，人在运动时可以明显地感到肌肉收缩，在消耗脂肪时，人可以感受到自己在用力对外做功。例如，跑步时会感觉到腿部肌肉在收缩，也会感觉到能量在消耗，身体变热、出汗，这种发热是全身性的，并非局部。从一些身体指标上观察，此时人的脉搏会加速、呼吸变快、血压上升等，在这种状态下，才能健康地消耗脂肪。

医学人士还提醒，通过甩脂机减肥不仅很难收到效果，而且还会对人体造成伤害。剧烈的振动容易损伤人体关节、韧带；如果采取坐姿接触全身振动，则有可能导致脊柱肌肉劳损、椎间盘突出等；人长期处于高频振动状态对内脏器官也有很大危害。

减肥广告大都采用夸大、虚假的言辞，也正是这些不科学又具有吸引力的广告词，才能轻易打动消费者。对此，若想要真正减肥成

功，适当运动加控制饮食仍是最有效、最安全的减肥方法。一般肥胖者只需克服不良的饮食习惯和调整饮食结构、控制饮食中的总热量，加上坚持适当的运动，是可以达到理想的塑身效果的。

减肥偏方、秘方效果好

减肥自然离不开中医，尤其是一些偏方、秘方，这些神奇又难得的方法，常常既令人怀疑，又忍不住一试。虽然有些药物确实能够起到降脂利尿的作用，但不是对所有肥胖的人都奏效。因为中医对肥胖的看法很复杂，可以分为四种类型：

（1）胃热痰瘀型肥胖。这类人肌肉结实、容易口渴、食欲大，以男性居多。想减重应该少吃几口，多补充青菜、瓜果等凉性食物。

（2）肝郁气滞型肥胖。这类人常郁闷叹气、失眠多梦、容易紧张、烦躁、疲倦，女性常月经失调。中医认为，肝系统是调节脂肪代谢的重要器官，情绪不稳会影响肝的运作失衡，造成肥胖。喝一些放松情绪的玫瑰花茶或者泡澡有利于减肥。

（3）脾虚湿阻型肥胖。这类人肌肉松软、易疲倦、四肢浮肿、食欲差，产后妇女居多。 瘦身可补充利水渗湿的食物，如薏苡仁等，并多进行运动锻炼。

（4）更年期或老年的肝肾两虚型肥胖。这类人年龄通常超过50岁，并有高血压、糖尿病等慢性疾病，即使少吃体重仍然会上升。

由此可见，即便是一些偏方、秘方对减肥有一定的效果，如果不对症，也是徒然的。然而，依旧有很多人对中药减肥的偏方或秘方深信不疑，认为全是草根树皮制成的中药，即使是瘦不下来对身体也没有害处，不如试试效果。

其实，这种认识是片面的，有些中药也属于剧毒药物，如砒霜、乌头、马钱子等。还有些减肥偏方、秘方把药性较强的大黄、巴豆、番泻叶等药材乱用一通，很容易泻出病来，甚至会因人体排出水分过多，最终引起虚脱、休克等症状。

因此，专家建议，减肥偏方、秘方不可滥用，尤其是不能相信街头游医的谎言。如果想要用中药减肥，最好能在正规中医院医师的指导下进行。

另外，还要注意减肥秘方中的多味药材还有相应的禁忌人群。比如决明子性味微寒，脾胃虚弱者不可久服；有胃溃疡者不宜多服山楂；脾胃虚寒者不宜服用绞股蓝等。总之，不要盲目迷信减肥秘方，否则有可能达不到预期的减肥效果，甚至还有可能对身体产生一定的副作用。

▶第二章 瘦身先瘦脸，“脸”好才自信

关于瘦脸，你知道多少

你属于哪种肥胖脸型

拥有一张小巧的脸蛋是每位女性的渴望，但现实很残酷，并不是人人都能如愿。不过，即使不能天生就拥有一张小巧精致的脸庞也不必苦恼，我们可以通过后天来补救。不过，瘦脸需要根据脸型的差异采取不同的方法，所以还是先了解一下肥胖脸型的分类吧！

1. 水肿型

很多女性早上起床的时候会发现自己的脸部浮肿，甚至是晚上睡觉的时候脚也肿起来，如果经常出现这些症状，说明你的身体属于水肿型。不过只要采取合理的措施，脸部浮肿还是很容易消除的。

原因：水肿型肥胖是因为平时的盐分和糖分摄入过多，再加上久坐，血液循环和淋巴液循环受阻而形成水肿，有时候睡眠不足也会导致身体新陈代谢紊乱，加重水肿。

对策：（1）饮食要少盐、少糖，适当喝有利尿功效的咖啡或茶饮，晚上8点后尽量少喝或不要喝水，以免造成水肿。可以每天喝上一杯薏苡仁水，不仅能消除水肿，还能美白。

（2）每天保证8小时的睡眠，因为在休息的时间，人体的代谢排毒功能会有序地进行，保证充足的睡眠对于消除水肿是十分有帮助的。

2. 脂肪型

肥胖大多数体现在腰腹和四肢，除此之外，脸部也是一个无法幸免的地方。很多女性朋友面部脂肪也会过多，甚至是不太胖的人也有一个胖嘟嘟的苹果脸。

原因：拥有苹果脸的女性大多喜欢吃肉和油炸食品，有的人甚至完全不吃蔬菜，营养摄取不均衡，使脂肪在皮下堆积，脸部又缺乏运动，久而久之就变成了胖脸。

对策：（1）饮食上尽量少摄取肉类和膨化食品，多吃蔬菜和水果。保证饮食均衡，才能够从源头上杜绝过多脂肪的摄入。

（2）多做脸部按摩，提升脸部血液循环，促进脂肪燃烧。按摩前先在脸上涂上瘦脸霜，缓解一下僵硬的脸部脂肪，然后用手指从下颚开始，一直到耳边进行按摩，再以额头为中心点向外侧按摩。每个按摩动作坚持10秒钟，来回重复3次即可。

3. 肌肉型

肌肉型的胖脸一般腮上都有两块硬硬的肌肉，也就是咬肌发达，给人一种很“man”的感觉，但过于明显的脸部肌肉，很多时候会影响我们给别人的第一印象。

原因：生活或者工作压力过大，经常咬紧牙关，脸部肌肉长时间处于紧张状态，就会使咬肌变大。另外，经常嚼口香糖、吃难咬的食物，腮帮也会越变越大。

对策：（1）压力大的时候，多做深呼吸，或者到户外晒晒太阳、散散心，暂时抛开烦恼。

（2）按压脸部，双手中指、无名指交替轻按鼻翼两侧，重复1～2次；再以螺旋方式按摩双颊；以双手拇指、食指交替轻挽下颌线，由左至右往返3次。这些按摩都能很好地通畅面部血液循环，起到一定的放松、燃脂效果。

4. 松弛脸

原因：随着年龄的增长，充满压力的生活令你缺乏表情，这些日常小细节都会令表情肌衰弱下来，脸颊的肌肉逐步松弛下垂，出现双下巴的情况增多。

对策：（1）每天坚持做表情肌脸部操，也可以增加日常锻炼表情肌的机会，例如，夸张地大笑、多说话等。

（2）多摄取含维生素C和维生素A以及富含胶原蛋白的食物，例如鸡皮、猪骨汤、猪蹄等食品，可以修复柔软组织、弹力组织等，令下垂的面部肌肉往上提拉，变得更紧致。

5. 歪斜脸

原因：脸胖不仅仅是脂肪、赘肉、水肿造成的，骨骼歪斜，包括腰背骨骼歪斜，日常姿势不正确，也会带动面部骨骼移位，使脸部肌肉分布不均，脂肪与水分趁机在脸部堆积。

对策：（1）改掉日常不良的姿势或习惯，例如总喜欢弓着背、跷着腿、习惯用一侧脸颊咀嚼、坐在桌前用手托着脸颊等。

（2）经常做骨盆操，例如双腿张开，叉腰往左右压腿，再转动骨盆，调整全身的骨骼。

自检脸型发生的变化

想要拥有好的脸型，首先要学会判断，如何通过自检发现自己的脸形变差了呢？如果你还不知道，就一起来学学吧！

一张脸完不完美，我们可以从这些方面来判断：脂肪量、是否浮肿、肌肉肥厚度、脸颊是否凹陷、太阳穴是否凹陷、眼窝是否凹陷、左右脸对称性以及眉、眼、嘴角、鼻翼、鼻孔、鼻梁、人中、下颚角、眼袋、眼周细纹、颧骨等。

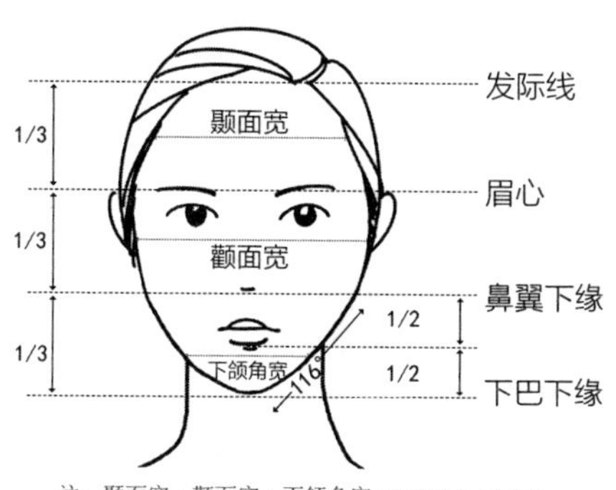

注：颞面宽：颧面宽：下颌角宽=0.819：1：0.678

具体来说，脸部轮廓是由骨架、肌肉和脂肪堆叠起来的。脸部骨架受肌肉牵拉而产生形状变化，甚至影响脸部淋巴流动，因此有了胖瘦圆扁的差异。脸形最重要的是轮廓清晰、皮肤色泽明亮、五官干净。譬如眼白不要黄、不要有红血丝，眼周没有皱纹及黑眼圈，鼻头没有粉刺，耳朵柔软没有耳洞，皮肤没有疤痕。这样的脸就称得上是健康完美的。

当面部线条下垂时，一般女性会直接在脸上涂涂抹抹，皮肤经过按摩及产品刺激的作用之后就会有拉紧的感觉，然而实际上并没有拉紧肌肉的效果。我们应该清楚：影响脸形最关键的是肌肉，通过改变肌肉力量的平衡来合理地美化轮廓，让循环顺畅，脸不浮肿、气色好。

如果你的脸形比较胖，就要先分清楚是脂肪多、浮肿还是肌肉肥厚。一般成年女性的脸颊凹陷、苹果肌容易下垂。很多年轻女性急着除掉苹果肌，因为有苹果肌笑的时候看起来脸圆圆的，就会给人感觉胖胖的。当然不是脸上的肌肉越少越好看，脸颊凹陷、太阳穴凹陷、眼窝凹陷，只会让你看起来更显苍老。

如果你脸的中间塌陷，侧面看起来像月亮一样弯进去，或是下颚的齿列超出上面一排的牙齿导致的脸颊消瘦，最好找医生矫正一下。牙齿矫正后脸颊就会逐渐地饱满一些，看起来也会显得更好看。脸上肉少的话，必须锻炼身体改善体质，长一些肌肉和脂肪让脸颊饱满。

由此可见，不要一味地追求瘦，脸部太瘦或太胖都影响美观，时时关注自己脸部的变化，随时进行矫正，不胖不瘦才是最适合自己的。

瘦脸有道，哪种方法更适合你

女性对“肥胖”很敏感，脸上有一点肉，就认为自己是个胖人，于是开始疯狂地进行减肥计划，到头来反而真的胖了；也有些女性本身并不胖，只是脸部看起来有些臃肿。那么，如何快速瘦脸呢？以下生活中的一些小方法或许可以帮你有效地瘦脸。

1. 饮食法

对于脸部水肿，可以多吃消肿利湿的蔬果，比如冬瓜等。如果脸部是肌肉型肥胖，就要少嚼口香糖，少吃甘蔗等锻炼咀嚼肌的食物，因为它们只能促使你的面部肌肉更加健硕。

2. 运动法

运动也可以瘦脸。运动减肥的效果是全方位的，如果你的脸真的“肿”了，剧烈运动后的大量排汗，可有助于水分迅速排出体外。

3. 沐浴法

高温沐浴是瘦身的好方法，同样高温沐浴也可以瘦脸。你可以每天在38℃的水温中坐在浴缸里沐浴，水深达心窝处，并配合瘦脸霜按摩面部，浸浴时间以20分钟为宜。另外，用温、冷水交替洗脸，可以促进血液循环及新陈代谢，也能起到瘦脸的效果。

4. 按摩法

按摩瘦脸，着重刺激睛明穴、太阳穴、下关穴这几个穴位，能有效预防面部赘肉横生。可以从额头到太阳穴，双手按压3～4次。也可以用双手中指、无名指交替轻按鼻翼两侧，重复1～2次；再以螺旋方式按摩双颊，由下颌至耳下、耳中、鼻翼至耳上部按摩，重复2次。

5. 推拿瘦脸法

面部浮肿，多是由于气血不通引起的肥胖，可以在专业的美容院通过对淋巴推拿打通堵塞的通道，消除浮肿。

6. 指压消肿法

按压穴道也能使脸颊消肿，比如按压听会穴、大迎穴、颊车穴等。如果你找不准穴位，也可以这样来进行指压按摩：大拇指指腹贴近颧骨下方，稍用力垂直往下轻压2厘米左右，指力往上轻抬即可，再缓缓将指力放松；中指、无名指并拢，沿颧骨下缘指力平行往下轻压至2厘米处，再往上顶。最好两天按压一次。

7. 化妆瘦脸法

关于瘦脸法，如果你觉得运动按摩太辛苦，又觉得吸脂手术太痛苦，就用化妆来解决吧，化妆除了比较麻烦外，效果也是不错的。眉型修成弓形，细而高挑；用咖啡色将眼影拉长，并从眼尾向内勾勒出双眼凹陷效果。鼻根勾出直挺的立体阴影。唇型扩大，唇峰明朗，下唇厚而略方。两颊用咖啡色打出自然凹陷阴影，脸部立体明晰的五官立刻凸现出来。

8. 专业瘦脸法

如果你想快速变成标准的小脸美女，不妨到美容院试试专业瘦脸法吧。大多数专业美容沙龙部设置快速瘦脸服务，效果随方式而变，你可根据自身状况进行选择。美容院的瘦脸效果毋庸置疑，只是在选择美容院和瘦脸方式上要仔细考虑自身的情况再做选择，千万别留下什么遗憾。

以上这些方法对于瘦脸都能起到很好的作用，只是有的效果快，有的效果慢。脸部肥胖的你可以随意选择，或用其中一种方法，或用几种方法组合起来，但是一定要坚持。如果每种方法都试试，试来试去看不到效果就放弃，是难以取得成功的。

不同肤质，瘦脸有别

虽然脸部肥胖的因素大多是一样的，但由于每个人的肤质不同，在解决面部肥胖的时候，用同样的方法所起到的效果可能会有差异。所以，对症采取措施，才是瘦脸的关键。下面我们一起来看看不同肤质的对症瘦脸方案吧！

1. 脸部浮肿型

原因：荷尔蒙失调。当雌激素和黄体酮水平变得慢性失调，那么控制胃口的荷尔蒙，例如复合胺的功能也会受到影响，导致体重的增加。

方案：研究表明，富含钙的饮食能帮助那些易于产生荷尔蒙不平衡的女性减肥。这是因为钙能帮助身体关闭那些对荷尔蒙变化过于敏感的基因。每天摄入含钙丰富的食物，例如低脂牛奶、奶酪和酸奶，能有效消除脸部浮肿。

2. 皮肤干燥型

原因：甲状腺功能下降。当甲状腺在超负荷运作的时候，就不能分泌适量的荷尔蒙来控制新陈代谢过程。导致缺乏精力，体重增加，皮肤变干，头发也变得更加没有光泽。

方案：每餐需摄入蛋白质，如瘦牛肉、鸡肉和鱼。这些食物能提供稳定分量的铁和氨基酸，对于甲状腺荷尔蒙的产生来说都是非常重要的。不仅如此，多摄入这些蛋白质还能帮助你避免食用那些可能导致甲状腺功能减缓的食物。不过一周之内，食用大豆、桃子、草莓、花生和菠菜不要超过2次。

3. 易长粉刺型

原因：饮食中酸性食物摄入过多。饮食中含有太多酸性食物，如肉、奶制品、甜食或水果，会给有害细菌提供良好的生长环境，妨碍肝脏和甲状腺的功能，这样就降低了这些器官处理脂肪的能力。同时，身体中因酸性物质产生的毒素会导致皮肤毛孔堵塞、油脂不平衡，产生皮肤问题。

方案：进行饮食调节，摄入食物中碱性食物为75%，酸性物质25%。可选择的碱性食物包括芦笋、西兰花、甜椒、胡萝卜、花菜、黄瓜、洋葱、南瓜、萝卜、豆腐、大蒜以及其他调味品。经过调整，不但不容易饿，而且皮肤也会得到改善。

4. 肤色偏黄型

原因：肝脏不堪重负。人体的肝脏控制着超过1500种新陈代谢反应，而这些反应对于燃烧脂肪、精力恢复以及体重控制至关重要。这个关键的器官还能分解掉那些溶解脂肪的毒素，并通过肾脏的过滤排出体外。一旦肝脏不堪重负，那么它处理这些毒素的速度就会放慢，就不能帮助身体及时排出毒素，导致体重的增加。

方案：饮食上多吃一些绿色蔬菜，如西芹、卷心菜、豆芽等。这些食物含有丰富的叶绿素，能帮助加速修复受损的肝脏细胞。此外，每天应摄入足够的蛋白质，如瘦肉、牛肉、鸡肉以及鱼肉等。蛋白质不仅能提升代谢速度，还能促进肝脏中酶的产生，帮助肝脏更有效地把毒素转化成可排泄的水融性物质。

女性高科技瘦脸七宗“最”

随着人们对“美”的苛刻要求，各种“美容手法”也应运而生，瘦脸等美容广告更是铺天盖地。过去几乎没有人整形，而今整形成为大众化，先是下巴越来越尖，而后单眼皮变成双眼皮，鱼尾纹再也找不到了……下面就来看看现代高科技瘦脸的七宗“最”吧。

1. 最轻松的瘦脸——激光瘦脸

随着年龄的增长，面部皮肤会逐渐失去弹性，松弛下垂。对于这种症状，时下最流行的是使用激光瘦脸法，它运用特定波段的激光，照射在皮肤表面瞬间释放能量，对皮肤放射热能，使胶原蛋白等皮下组织紧绷，并促使真皮层分泌更多新的胶原质，来填补收缩和流失的胶原质，从而再次托起皮肤的支架，恢复皮肤弹性，构建新的面部轮廓。

2. 最快速的瘦脸——打瘦脸针

对于肌肉型脸，很多人会选择打瘦脸针。瘦脸针成分是肉毒杆菌毒素，是一种能够阻断神经肌肉传导的药剂。通过注射针精准地注入脸部肥大的肌肉上，通过阻断神经与肌肉的传导，麻痹过于发达的咬肌，使之迅速收缩变小，但是不影响其正常生理功能，整个过程仅需几分钟，感觉似蚊虫叮咬一样，并且不需要恢复期，被称为“快餐式瘦脸法”。

3. 最神奇的瘦脸——手术切割

解决面部咬肌宽大的另一种方法是在口腔内做5毫米微创切口，利用内窥镜内视技术，通过极细的切针，20分钟就可以轻松将多余的咬肌内侧去除，做到安全、精准、无痕的瘦脸。

4. 最精细的瘦脸——面部吸脂

面部吸脂是在隐秘部位做2毫米的小切口，通过较细的吸脂管低频率震动分离脂肪，然后利用吸脂管均匀地抽取出一层脂肪，皮肤下形成空隙，皮肤弹性回缩，使其平坦、紧致，微创且轻松地达到整个面部瘦脸、美化脸部线条的效果。

5. 最绿色的瘦脸——注射溶脂

注射溶脂针与吸脂类似，都是针对皮下脂肪。它是用独特的溶脂针仪，把主要成分为营养素、氨基酸、维生素、酶类及作用于微循环生物制剂的各种减脂物质，非常精确地注射到多余脂肪的位置，让脂肪像冰山融化般溶解，最后伴随身体新陈代谢由淋巴系统排出体外。这种无须开口，安全、方便的瘦脸方式，被称为是最健康的“绿色”瘦脸法。

6. 最无痕的瘦脸——手术内切

脸颊内的脂肪垫是一种比较难以应付的脂肪形式。它是由一层薄黏膜包裹着的脂肪颗粒，深藏在皮肤底下。最好的方法就是切除，在口腔内隐秘部位开个微口，通过仪器深入到脂肪垫层，扎开外层的脂肪垫包膜，将多余脂肪颗粒排出。因为取脸颊脂肪垫是在口腔内做切口，疤痕看不见，因此也叫作无痕瘦脸术。

7. 最彻底的瘦脸——削骨打磨

有一种下颌骨宽大或者外翻造成的宽脸，这必须从改变下颌骨形态入手，通过专业的医疗器械将多余的下颌骨彻底祛除，并且还要对余下颌骨外板边缘打磨变薄，使其弧度流畅、自然。如此才能轻松实现正侧面脸型优美的瓜子俏脸。

看看以上这些瘦脸法，多数都是动刀子，可是依旧有很多女性宁愿挨刀也要美。这里不质疑这些方法的科学性，但是也有太多的失败案例告诉我们，动刀的风险是巨大的，其后遗症和副作用会随着时间的推移而出现。所以，不要着急，瘦脸切忌盲目跟风，找到适合自己的健康方式才是最好的。

瘦脸针，该不该打

有些女性为了拥有一张漂亮的脸蛋，开始在脸上大动干戈，她们没有耐心慢慢去塑造脸型，而是通过打瘦脸针来快速解决问题，瘦脸针真的能把“大脸”变成“小脸”吗？下面就来一探究竟。

瘦脸针其实是一种肉毒杆菌毒素，它是梭状芽孢杆菌属的肉毒杆菌在厌氧条件下产生的一种生物毒性较强的高分子蛋白神经毒素。这种毒素是加拿大的Carruthers（卡拉瑟斯）夫妇在用肉毒素治疗眼睑痉挛时，意外地发现了其良好的除皱效果。随后，他们又相继尝试用肉毒素对额纹、眉间纹、鱼尾纹进行了治疗。

后来，医学实验证明，A型肉毒素杆菌毒素还有治疗双侧咬肌肥大的作用。A型肉毒素的应用被认为是治疗双侧咬肌肥大的一种革命性的新方法。作为一种肌肉注射药，A型肉毒素没有显著的副作用，比起手术有更多的优点。

局部注射A型肉毒素适用于早期、中期脸部1／3的皱纹，如抬头纹、鱼尾纹、眉间纹，以及颏下、前颈部等动力性皱纹等。这些皱纹是由于肌肉的运动产生的，可以用手指将其展平。然而对于体位性皱纹及重力性皱纹，肉毒素的治疗效果差或无效。对于那些皮肤较厚、油性、皱纹较深以及高龄严重皱纹的人群，肉毒素的治疗效果也很差。

如果你的面部是早期动力性皱纹，可以通过局部注射肉毒素3～14天后皱纹逐渐舒展和消失，通常可以维持4～10个月，除皱的肉毒素用量为25～50单位，属于微小剂量。毒素注入肌肉后选择性高，高亲和力地结合在神经末梢，几乎无多余的毒素进入血液或脑脊液，所以极少产生毒副作用。

另外，国内美容市场混乱，很多肉毒素来源渠道不清，甚至相当一部分为未经国家所允许使用的产品，假如注射的肉毒素制剂是伪劣的，或超剂量使用，或者医生的技术不娴熟，都会出现问题。如注射过量，麻痹了一些不该麻痹的部位，轻者咬肌无力，可使嗑瓜子、吃花生的力量都没有，重者还会出现呼吸困难等症状。总的来说，容易出现以下并发症：

（1）少数人有一过性轻微的头痛、麻木。

（2）极少数人可发生过敏性休克，所以应备用0.1%的肾上腺素。

（3）注射抬头纹不当时，可以导致上睑下垂或眉下垂。但是下垂轻微，2～3周后可以恢复。

（4）注射消除鱼尾纹针剂剂量过大时，可以导致眼睑闭合不全。如果注射太靠近睑缘，毒素向眼外肌扩散，可发生复视。

（5）肉毒素为免疫源性蛋白，注入体内可产生抗体，所以如果大剂量、反复注射可引起身体免疫复合物疾病。

综合来讲，虽然肉毒素局部注射治疗早期面部动力性皱纹以及局部肌肉肥大，已经成为一个成熟的技术被广泛应用。但是它依旧有一定的副作用，存在发生危险的概率。如果非要进行注射治疗不可，必须寻求正规的专业医院，同时医生必须要严格掌握好正确的操作规范，只有这样才能真正达到美容效果。

拔牙瘦脸真的有效果吗

智齿常常被遗忘，只有当它冒出来的时候，我们才会更多地认识它。不过，近来有一种说法，说是拔智齿后，大饼脸能变成瓜子脸。如果因为智齿发炎引起的脸部肿胀，拔后炎症消失，脸自然会瘦下来的，但正常情况下拔智齿真的可以“瘦脸”吗?

口腔医师表示，目前没有任何的医学理论基础来支持拔智齿后，可以从大饼脸、国字脸，变成流行的瓜子脸、巴掌脸，而且并不是所有人都适合拔智齿，也并非每一种智齿都可以任意拔除。拔智齿达到瘦脸效果，要具备的基本条件是脸皮的肌肉要够薄，如果肌肉层比较厚，拔完牙后的凹陷效果根本看不出来。因此，拔智齿瘦脸是不科学的说法。

人的脸部，其实就是一张“皮囊”，覆盖在面部的骨骼和肌肉上。颧骨、上颌骨和下颌骨，就像帐篷的支架一样，把脸皮撑起来，决定了脸的大致形状。脸皮上部的支撑主要靠颧骨和上颌骨，最宽部位在颧骨。而上颌智齿位于上颌骨内，即使稍有向外倾斜，也还位于颧骨内侧，显而易见，它们对脸的支撑作用可以忽略不计。

影响脸部的宽度主要是下颌角和咬肌，咬肌是附着于上颌骨颧

突、颧骨弓和下颌角上的肌肉。如果一个人的下颌角肥大，或咬肌发达，就会显得脸大。除了骨骼和肌肉问题外，另一个引起脸大的原因就是面部脂肪堆积，脸显得像小婴儿一样肉嘟嘟的，即常说的婴儿肥。

由此可见，脸的宽度和形状都与智齿无关，拔智齿自然是不能瘦脸的。如果大家真的想要瘦脸的话，建议最好选择一些可靠的瘦脸方法来让自己的脸更加好看。

小贴士：拔智齿存在风险性，所以并不鼓励以拔智齿来瘦脸，尤其是现代人的牙弓，后颚空间小，智齿的发育也多半不健全，在空间不足受到挤压后，很容易就长在不该长的位置，例如长在下颚神经上的智齿，就像一颗埋藏在牙肉内的深水炸弹，这类智齿拔除不但麻烦而且危险，容易损害下颚神经。

脸部微运动，打造童颜瘦脸

提拉脸部，紧致肌肤抗松垮

随着年龄的增长，女性的皮肤会开始消耗胶原蛋白，尤其是电脑辐射、长期熬夜，会加速面部皮肤的提前老化，从而出现明显的松弛感和细纹。面部提拉按摩是有效的缓解方法，具体操作如下：

（1）将手指屈起来，从下颚的位置往太阳穴的位置做提拉按摩，重复5次。

（2）将手指从颧骨的位置往太阳穴的位置做提拉按摩，这个动作也重复5次，有利于提高苹果肌。

（3）将脸部按摩霜涂抹全脸，然后从下巴沿脸颊两侧向上提拉，可以稍稍加重手部力道。接着重复1～2次，连续做5次。

（4）将手指从眼睛的下方中间凹的地方往太阳穴的位置做按

摩，这样有利于提拉眼尾的肌肤，重复做3～5次。

（5）将左手掌包覆右脸颊，沿着下巴至脸颊的线条拉提至左耳下的淋巴处，然后再换右手重复动作，重复5次。

（6）用手指从嘴边下面的位置往鼻翼两旁的肌肤按压，然后顺着颧骨的位置往太阳穴的位置提拉按摩5次。

提拉按摩脸部的时候，记得往下按摩时力道要轻柔，往上提拉按摩时力道则可稍微加重一点。经常做以上提拉动作，能很好地帮助你通畅面部气血，既能燃脂，又能美颜，让你看起来气色更好，更显年轻。

穴位按摩，让胖脸小一号

女性为了拥有一副好的面容，往往是浓妆艳抹，但光靠化妆品是很难长久维持的。如果想要真正的瘦脸，坚持对面部穴位进行有规律的按摩，可以促进面部毛细血管扩张，改善血液循环，消除脸部的多余脂肪，起到瘦脸的效果。下面这几个穴位，常按会让你的胖脸变小哦！

1. 太阳穴

位置：在耳郭前面，前额两侧，外眼角延长线的上方，眉梢和外眼角中间向后一横指凹陷处。左右各一个。

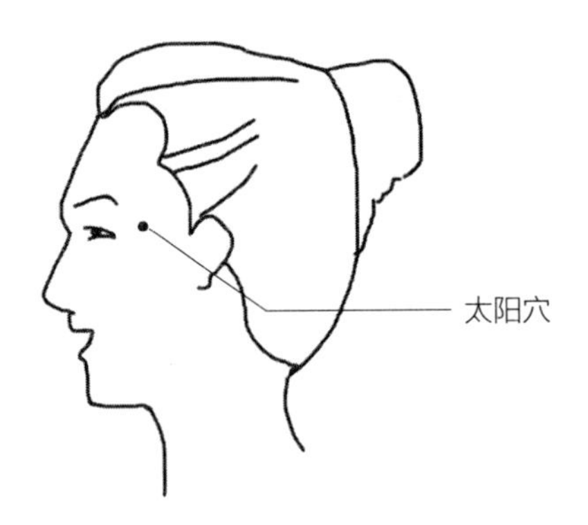

操作：以拇指指腹按压在太阳穴上，做圈状按摩，力度要适中，略感酸胀为宜，每次按摩5分钟左右。

功效：按摩太阳穴能很好地起到提神醒脑、美化肌肤的作用，改善脸色无华、精神不振的状况，让脸部气色红润有光彩。

2. 风池穴

位置：风池穴位于颈部，当枕骨之下，与风府穴相平，胸锁乳突肌与斜方肌上端之间的凹陷处。

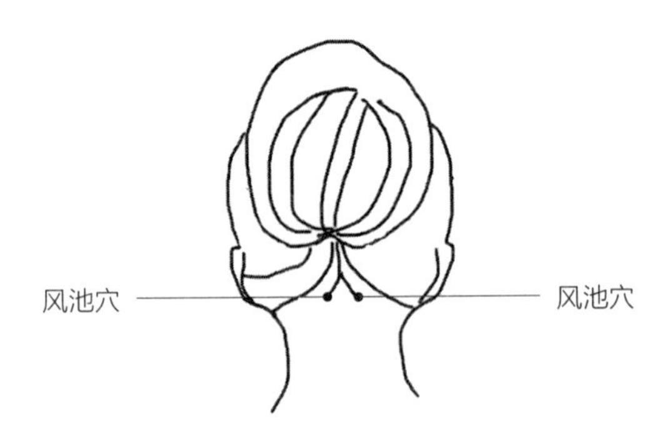

操作：以两手指腹，紧按风池穴部位，用力旋转按揉几下，随后按揉脑后，做30次左右，以有酸胀感为宜。

功效：风池穴具有驱除风邪、调节免疫的效果，常用于改善因过敏和反复感冒导致的脸部水肿，在睡前搭配精油按摩此部位，也能达到放松头部侧面与头顶肌肉的效果，改善气血循环，消除脸肿。

3. 迎香穴

位置：位于面部，在鼻翼旁开约0.3寸皱纹中（在鼻翼外缘中点旁，当鼻唇沟中）。

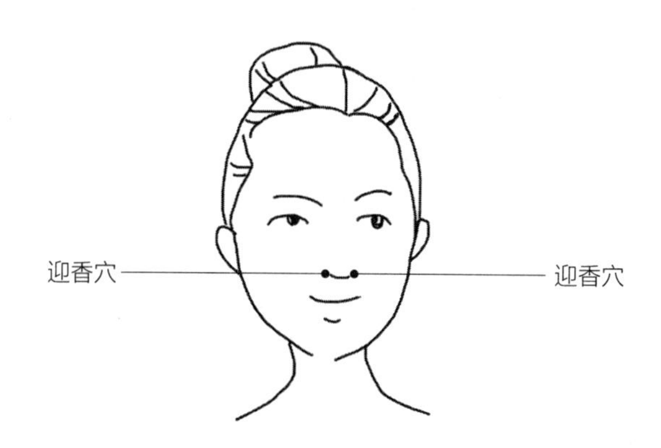

操作：以食指指腹按住穴位做圈状按摩，或以指关节按压，重复做按压、松开的动作。

功效：按摩迎香穴能促进面部血液循环，改善面色蜡黄或面色苍白的症状，让皮肤恢复弹力和水分，红润自然，健康有光泽。

4. 颊车穴、下关穴

位置：颊车穴位于下巴骨外侧，由耳朵下方沿着下巴骨的后端，一路往下可摸到下巴骨有明显的转折处，转折处向前上方就能摸到的明显肌肉隆起时出现的凹陷处；下关穴位于颧骨下方、颊车穴上方。

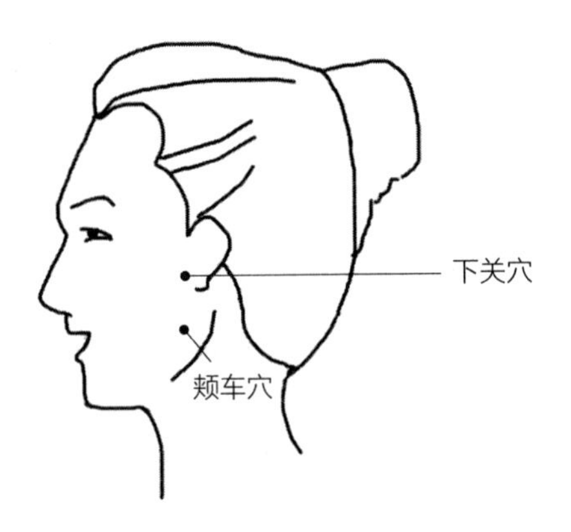

操作：先用大拇指按摩颊车穴放松紧绷的肌肉，再慢慢往前上方按压至两颧骨下方的下关穴，每天操作10～20次。

功效：常按这两个穴位可拉提脸部曲线，预防老化和下垂，保持脸部肌肉和皮肤的弹性。此外，在下午或傍晚容易合并发作头痛的人群，多按摩颊车穴，也能达到放松止痛的效果。

5. 攒竹穴

位置：位于面部，当眉头陷中，眶上切迹处。

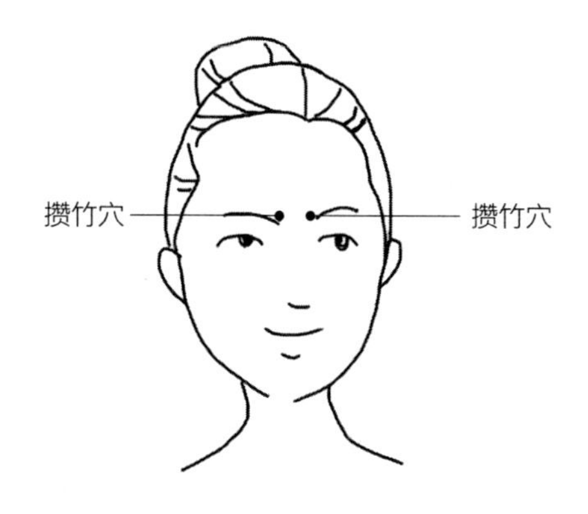

操作：以手指指腹或指关节按压穴位，做圈状按摩，稍稍用力，感到酸痛即可。

功效：按压这个穴位的时候，会感到额头和面颊的肌肉紧张起来。除了提神醒脑，还可以疏通经络，改善面部血液和淋巴循环，减少色斑，让面色红润有光泽。

穴位按摩是传统的中医方法，主要作用就是通过刺激穴位，促进血液循环，面部气血畅通，不但脸色好，脂肪也不易堆积，还有一定的燃脂作用。脸胖的女性不妨经常按摩面部，美容的同时也瘦脸，可谓一举两得。

简单瘦脸操，打造小脸美女

一张紧致小巧的脸，不仅让女性显得苗条，而且化妆后会更好看。然而，并非人人都能拥有如此紧致小巧的脸庞，现实中依旧有很多女性朋友在为自己肉嘟嘟的脸自卑。由于脸部减肥比较困难，普通的减肥法很难收到效果，这里推荐做瘦脸操。

最好的方法就是做瘦脸操，女性常做瘦脸操不仅能够消除赘肉，而且可以促进脸部血液循环，使脸部肌肤有弹性，以下几节简单有效的瘦脸操，就能很好地帮助你拥有一个小脸。

（1）张大嘴。将嘴尽量张大，做出“啊”的口型，保持此动作约10秒钟，然后闭上嘴，放松面部肌肉，重复做3～5次。此动作可锻炼脸颊和下巴处的肌肉。

（2）磨牙齿。尽量将嘴巴往横向慢慢张开到底后，保持10秒钟；就这样闭上嘴巴用力咬紧臼齿后，不用力，保持10秒钟，重复8次。此动作可以消除颈部的松弛与双下巴。

（3）收脸颊。将嘴唇撅起，使脸颊肌肉凹陷，眼睛尽量睁大，保持此动作约10秒钟，然后放松面部肌肉，重复做3次。此动作可促进脸部新陈代谢，锻炼脸颊部的肌肉。

（4）伸舌头。一边用指尖压住下巴，一边舌头尖端用力，尽量地伸出舌头；将舌头往左下移动，此时嘴巴周围的肌肉变紧实就说明有效果；开始往右方旋转，旋转一圈为一组，重复8次。此动作可以使下巴与颈部的线条更完美。

（5）撇嘴。闭紧嘴唇，将右嘴角尽量向右撇，保持此动作10秒钟。然后放松右嘴角，再将左嘴角尽量向左撇，重复上述动作，每侧重复做8次。此动作可锻炼脸颊和嘴角的肌肉。

（6）吹气。像吹口哨般将嘴唇轻轻撅起来。慢慢吹气，使脸部膨胀起来，保持此动作5秒钟。然后放松面部肌肉，重复做3次。此动作可锻炼脸颊部肌肉，增强脸颊部肌肤的弹性。

（7）仰头。取坐姿，将后背挺直，闭上眼睛，调节呼吸。将头尽力向后仰，同时保持身体挺直。慢慢张开嘴，做出“啊”的口型，保持此动作5秒钟。慢慢闭上嘴，将头部回复到起始状态，重复做8次。此动作可促进头、颈部的血液循环，美化脸部曲线。

在做瘦脸操之前，要先将脸洗干净，如果脸部太干，可以涂一些乳液、柔肤水。另外，早晨起床后和晚间沐浴后是做瘦脸操的最佳时刻，想瘦脸的你赶紧行动起来吧！

脸部按摩，打造精致小脸

肥胖是女性最忌讳的词，有些女性其实并不胖，身材的比例看起来也不错，前凸后翘的，但却长着一副胖嘟嘟的脸，从而使自己显得很胖。想要瘦脸，又奈何脸部的脂肪太顽固，而且天生的脸部骨架很难改变，难道就没有任何办法吗？

对于爱美的女性来说，肯定不甘心就这样“大饼脸”一辈子的。那么，有什么方法能让你拥有一个梦寐以求的“精致小脸”呢？脸部按摩是值得一试的好方法。脸部按摩不但可以通过对穴位的刺激让脸颊内的皮下脂肪快速消除，还能够消除皱纹，让你的肌肤越来越细嫩且富有弹性。

不过，如果你的按摩手法不规范，那么我只能遗憾地告诉你，可能永远也变不成小脸美人了。所以，脸部按摩手法的正确性非常重要。下面就来学习一下正确的瘦脸按摩法吧！具体操作方法如下：

（1）涂上瘦脸霜，让脸部肌肉放松，然后开始按摩。按摩从下颚开始，先到耳边，然后再以额头为中心向外侧按摩。由于眼周的皮肤更为娇嫩，所以眼周的按摩方法是从鼻子到眼角两侧做旋转式按摩。

（2）按压锁骨凹陷处。用手掌或手指指腹按压锁骨的凹陷处，可以起到刺激淋巴的作用。如果指甲过长，就避开指甲，用手指肚紧紧按住锁骨的凹陷处，约按5秒钟即可，连续做3次。

（3）按压下颚凹陷处。用大拇指顶起颚两侧的凹陷处，让整个头部都由大拇指支撑，每次动作5秒钟，连续做3次；将下颚的凹陷处往上压。接下来再顺着脸的线条向上压，以便让脸部的线条逐渐清晰起来，动作要均匀有力，但要注意避免戳伤下巴的凹陷处，动作同样要重复3次，每次坚持3秒钟。

（4）按摩额头。用食指、中指和无名指轻轻地横向按摩额头，让额头上的皱纹舒展开来。此动作做10次。

（5）按摩内眼角。用大拇指紧紧地将内眼角往下压，以便让眼皮的肌肉变得更加紧实，但注意要让眼睛保持放松的状态。此动作做3次，每次持续5秒钟。

（6）按压内额角、外额角。要想让眼部的肌肤更加紧实，就一定要沿着眼睛下方的骨线往下压。从内眼角到外眼角，由内到外地按压，不能“反其道而行之”，如此来回做3次，每次5秒钟。

（7）按摩眼皮。用食指轻压两眉，要沿着眼睛的上方骨，按摩到眼尾处。同样也是做3次，每次5秒钟。

脸部按摩讲究手法要稳定，部位要准确，有节奏感，动作灵活、轻盈、刚劲、柔和，力度要适中，快而有序。按摩前，最好先抹上瘦脸霜，然后再按压穴位进行按摩。这样的话，瘦脸的效果会更加明显。

指压法，让胖脸变瘦脸

胖脸变瘦脸，只要一点点。多少圆脸、胖脸的女性渴望能把圆乎乎的胖脸塑造得轮廓分明、细致清秀。如果你担心手术、药物瘦脸会有副作用，这里介绍一个既省钱又省心的瘦脸法——指压瘦脸。

指压法一

选穴：印堂穴、迎香穴、太阳穴、承浆穴。

操作：（1）取仰卧位，以食指按压面部印堂穴、迎香穴5～10分钟，按压穴位有酸、麻、胀感为好。

（2）再以拇指按压太阳穴、承浆穴，局部有酸、麻、胀感后，继续按揉5～10分钟即可。每天2次，10日为一个疗程。

功效：指压上述诸穴，可使面部血流加快，促进新陈代谢及脂肪分解，快速除去脸部多余脂肪，重塑面部轮廓，胖脸变瘦脸的女性。

要领：按压腧穴时，应屈肘悬腕，食指或拇指伸直。以指腹按压腧穴，不能用指甲掐穴。手法宜由轻到重，由表及里，按压力度以中度为好，用力不可过重，以免对面部肌肤造成损伤。

指压法二

选穴：水沟穴、地仓穴。

操作：（1）取仰卧位，用食指按压其水沟穴、地仓穴，局部出现酸、麻、胀感后，再持续按压5～10分钟即可。

（2）每日早、晚各一次，10日为一个疗程。

功效：按压这两个学位，可以改善唇部及下颌部的血循环状况，去除多余脂肪，起到薄唇瘦脸的作用。

要领：按压腧穴时，最好选取卧位，不宜采用坐位，并且要全身放松。手法宜由轻渐重，由表及里，指力以中度为好，用力太轻起不到治疗效果，太重会对肌肤造成不必要的损伤。

指压法三

选穴：丝竹空穴、下关穴、颊车穴、大迎穴。

操作：（1）取侧卧位，用食指按压丝竹空、下关穴，待其有酸、麻、胀感后，再按压5～10分钟。

（2）接下来以拇指按压其颊车穴、大迎穴，待局部有酸、麻、胀感后，再按压5～10分钟即可。指压完一侧穴位后再按此法按压另一侧穴位。每日3次，10日为一个疗程。

功效：采用该法，可疏通经络，调整代谢功能，并对面颊部脂肪增长有抑制作用。

要领：按压面部腧穴时，应用拇、食二指指腹放在穴位上，指压力度宜轻柔，由表及里，边压边揉为好。

刮痧赶走脸部“婴儿肥”

爱美是人的天性，现代人追求自身美的品味越来越高，尤其是女性，每当对着镜子看见自己的大脸庞，就郁闷不安。

如果你不幸拥有一张婴儿肥的脸该怎么办呢？怎么瘦脸才最有效呢？其实，你只要简单刮一刮痧，就可以轻松减掉婴儿肥，每天几分钟，只要坚持下来，那么瘦出紧致的小脸就不是梦，赶紧跟着动起来吧！

1. 婴儿肥

操作：（1）洗完脸后，涂上适量的瘦脸霜，用刮痧板由下巴往耳下慢慢刮拭。直至局部皮肤微微发红、发热为止。

（2）接着由上往下刮拭耳后，直至局部皮肤微微发红、发热为止。

（3）刮拭耳前鬓角，由下往上，直至局部皮肤微微发红、发热为止。

（4）刮拭两侧颧骨处，直至局部皮肤微微发红。每日早晚各一次，持续2周。

注意：如果没有刮痧器具，也可以用手指进行，刮痧后要用温水及洗面奶清洗脸上油脂，并在最后清洗时用冷水收缩毛孔。

2. 大腮颊

操作：（1）涂上适量的瘦脸霜，用刮痧板由前往后、由下往上刮拭两侧腮颊，直至局部皮肤微微发红、发热为止。

（2）接着由下往上刮拭耳后，直至局部皮肤微微发红、发热为止。

（3）刮拭头后至皮肤微微发红或出现痧点。每日早晚各一次，持续两周。

注意：每天洗脸的时候，在两颊穴位进行按摩，并且避免经常嚼口香糖，以免嚼肌增大而成为国字脸。

3. 整个脸部

操作：（1）以螺旋手法轻刮，由眉心沿额头中线往上刮至美人尖，再由眉心往斜上方画圈刮至额角及太阳穴，左右两侧各重复1～2次。

（2）以螺旋方式，由鼻翼侧边往斜上方画圈轻刮至太阳穴下，再由嘴角往斜上方画圈轻刮至颧骨下，左右各重复1～2次。

（3）以下巴为起点，沿着颌骨上方，以画小圈方式往斜上方轻刮至耳垂前方，左右各重复1～2次。最后以眉头为起点，沿着鼻梁侧边，由上往下画小圆圈轻刮至鼻翼，左右各重复1～2次。

注意：刮痧前后做好清洁工作，刮完后要避免风寒的刺激。另外，刮痧瘦脸比较适合16～45岁，没有糖尿病、肾病、高血压、心脏病及血小板减少的女性朋友。

简单小动作，速变小“V”脸

有些女性天生就是一张“浮肿脸”，为了消灭脸部浮肿，各种各样的方法都尝试过，可就是瘦不下来。究其原因，就是一个“懒”字，所以大都半途而废。

不过，即便是你拥有小“V”脸，也不要高兴得太早，因为随着年龄的增长，面部肌肉也会下垂和松弛。如果想拥有并保持小“V”脸，常做以下小动作效果会很显著。

1. 吞吐舌头，推拿颈部

操作：（1）抬头、嘴张开、吐出舌头，10秒钟后收回舌头，慢慢低头闭眼，每日做20次为佳。

（2）由下至上推拿颈部，顺着脖子的方向，把肉向上挤，缓慢舒平。

功效：这两个动作适合双下巴甚至三层下巴的女性。其实，下巴长肉是由于淋巴排毒不畅导致的浮肿，并不完全是脂肪。经常做这两个动作，不但有紧致肌肤的作用，而且还能加速血液循环，让双下巴消失且不反弹。

2. 吹泡泡，摇晃下颌

操作：（1）吹泡泡指的是深吸一口气鼓起腮帮，坚持10秒钟后呼气并向内收缩面部肌肉，同样10秒后重复鼓起动作，一呼一吸为一组，每日10组为佳。

（2）左右摇晃下颌，嘴轻微咧开，上下牙齿左右错开移动，每天活动下颌30次，能打造清晰的面部轮廓。

功效：这两个动作适合脸上的脂肪不是特别多但总有浮肿感以及两侧面颊容易堆积脂肪的女性。经常做这两个动作能帮助腮帮子肉多、脸颊肉厚、面部轮廓不明显的女性收紧松弛皮肤，改善面部肌肉松垮下垂的现象，减少面部直观脂肪层厚度，从而让脸部变得小巧紧致。

3. 练习字母，轮廓按摩

操作：（1）每晚睡前练习发声“a、e、i、o、u”这几个英文字母，坚持3～5分钟，每一个动作都尽可能缓慢、到位，这是为了全方位运动到面部的所有肌肉，放松神经达到更好的塑形效果。

（2）发声之后开始由下至上按摩面部轮廓，用提拉的手法沿着脸部周围的轮廓进行按摩，缓慢向上逐渐平整，以达到活络舒经、紧致肌肉的效果。

功效：这两个动作适合大脸庞的女性。有些女性的大脸庞并不在下方，而是在颧骨甚至太阳穴以上的部位。高位的肉肉脸会显得人更加肿胀，而且颧骨、额头这些部位由于皮脂很少，运动起来也相对麻烦。所以一定要采用合适的方法并且循序渐进，才能逐步改善大脸庞的困扰。

拍一拍，甩去脸部赘肉

很多女性都想找到瘦脸方法，摆脱胖嘟嘟的脸，特别在这个以瘦为美的时代，每个人都想要以最完美的轮廓示人。曾经有人说，“拉一拉”“拍一拍”脸就瘦了，原来真的不是开玩笑。那么，要怎样拍打、牵拉才能瘦脸呢？

一般来讲，首先要对脸部进行清洁，然后涂上按摩霜，配合拍打、牵拉动作，快速激活脸部的新陈代谢机能。这样不仅能高效促进肌肤排水排毒之外，还能让肌肤吸收水分不下垂，定格上提脸部轮廓。具体步骤如下：

步骤一：抓出脸颊赘肉。涂上按摩霜之后，在颊骨的部分纵拉赘肉，并向外拉开。然后位置慢慢向下移，到鼻翼为止。每次动作约5秒钟，持续进行1分钟。

步骤二：抚平鼻唇沟纹。双手贴在脸颊上，着重于抚平鼻唇沟的皱纹（鼻翼的细纹），皮肤以横向拉开。手掌由内向外推，至外围轮廓为止2～3秒钟，反复进行1分钟。

步骤三：托高脸颊赘肉。涂上按摩霜后，轻轻地摩擦皮肤，其指腹须朝内侧。由颊骨部分往上推托，并进行摩擦式的按摩。一个个动作慢慢进行，持续1分钟。

步骤四：指尖拍打颊骨。最后沿着眼眶，以指尖拍打颊骨。进行到太阳穴时会觉得精神舒畅。按摩后，以混合的化妆水、乳液等涂抹均匀，即可完成。

拍打瘦脸最好每天早上起床后或晚上睡觉前进行，用手掌拍打脸部肉多的地方，力度自己掌握。每次拍打5分钟以上，直到脸感觉到热热的并有点发红时就可以停止了，也可拍、揉、搓轮着进行。让脸部多余的脂肪随着每天的拍打运动而消除，渐渐呈现出一张完美的小脸。

微运动，扫除你的双下巴

双重下巴又叫“重颌”，看上去宛如又有一个下颌而得名。说起来，人的下巴在嘴下面本来是平展的，可是由于肥胖、肌肉松弛或病态却可造成双重下巴，而给颜面下部带来不和谐的感觉，影响美观。

的确，双重下巴显得颈部短粗，使颈部不灵活，或者给人一种呆头呆脑的印象。过去人们认为有“双下巴”是一种富态的标志，而今它是影响容貌及自然美的赘物。它的出现让你胖胖的脸“伤上加伤”。有什么方法可以消除双下巴，令你的“大饼脸”变成“瓜子脸”呢？来做做微运动吧！

微运动一

操作：（1）两手交叉放脑后，头微微向后，脸部稍微向上仰起。手肘横向张开，手和头彼此轻轻互压，让颈后用力感觉紧绷。

（2）一边吐气，一边用手掌将头部向前压，至感觉舒适的位置，维持10秒钟，伸展后颈肌肉。

次数：操作（1）维持6秒钟，操作（2）维持10秒钟，反复2～5次。

功效：放松颈部的肌肉，有效帮助头与身体的循环，不让毒素废物堆积在下巴部位。

微运动二

操作：（1）坐姿要正确，深呼吸2次，将两肩向上耸起成直线，就像肩部要触及耳朵那样，保持此姿势5分钟。

（2）头往后，下巴举起朝向天花板。

（3）接着缓慢地将头向左右摇摆，每边摆动5次。

（4）再次保持两肩高耸，然后缓慢地将头依顺时针方向作360度转动，下巴要尽量紧贴前胸乃至肩部。

（5）提高下巴继续转动到起始点，再以逆时针方向转动，每个方向做5次，把双肩放松，恢复开始时姿势，深呼吸2次，结束。

次数：早晚各做3次。

功效：消除双下巴运动，借由头往上抬及吐舌的动作，来运动极少活动到的下颚肌肉，加强紧实度。

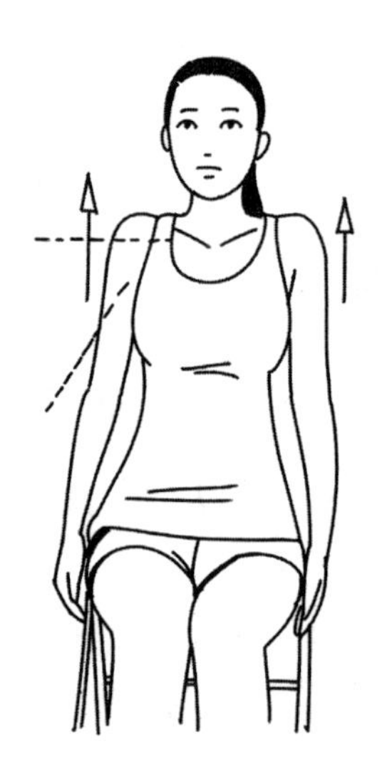

微运动三

操作：（1）从下颚到颈部位置涂上紧肤霜。

（2）用食指和中指或拇指夹下巴的边缘，将皮下肌肉往上夹。

（3）然后，再用双手手背，将下颚多余的肌肉由下往上推。

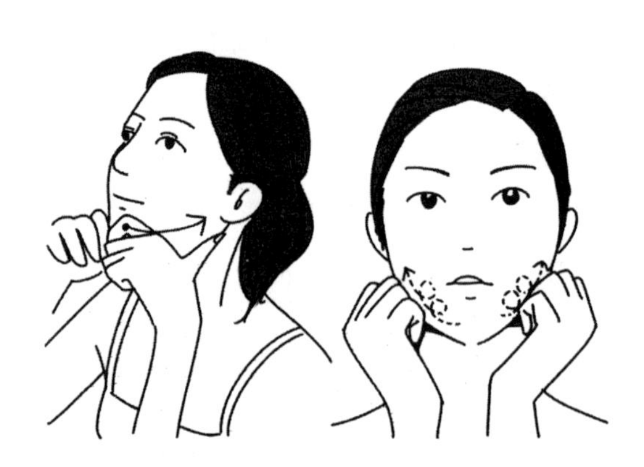

次数：动作（1）～（3）为1遍，每次做6遍。

功效：在下巴到肩颈的这块区域，很容易因为平常错误的姿势或是疲累，而造成淋巴循环的不良，而堆积水份与脂肪，想要消除双下巴，可以从肩膀到下巴一起保养。

精油按摩，紧致面部肌肤

随着按摩养生的流行，精油开始为越来越多的人所熟悉。如今，不少化妆品店里都陈列着色彩缤纷、包装精致的精油产品，吸引了众多爱美女性的目光。甚至做精油按摩成了很多女性朋友的日常，精油的芬芳气息能使人的心情放松。或许你还不知道，精油也可以用来瘦脸哦！

很多女性在做按摩前，都会先挑选一种适合自己肤质、具有紧肤功效的精油。配合按摩，精油的作用可以得到充分发挥，而且精油类产品比膏状或霜类的产品效果会更好。下面介绍一套精油按摩“瘦脸操”，记住按摩时手法一定要轻柔。

（1）按摩脸颊。将适量的精油倒在手心上，两手轻贴增加精油的温度，并在脸上均匀分布。然后，用食指、中指、无名指沿着下巴至太阳穴的路线，按摩8～10次。

（2）按摩眼部。眼部浮肿也会让整个脸看起来胖胖的，用双手食指和无名指由内而外地打圈，按摩眼眶四周，连续做8～10次。

（3）按摩鼻部。接下来按摩鼻翼，同样用双手的食指和无名指，由内而外向斜上方打圈8～10次。

（4）颈部按摩。不要以为颈部按摩与瘦脸没有关系，颈部肌肉如果松弛了，不仅会出现大量皱纹，而且还会让你的下颌轮廓渐渐消失，脸自然显得胖。按摩颈部有两种方法：一种是用右手由左侧锁骨慢慢轻推至左下巴，左手同样，两侧各做8～10次；另一种比较复杂，还是沿着锁骨至下巴的方向，先用右手按住左侧颈部，然后食指和无名指把所按的皮肤撑开，同时左手在上面打圈，两侧交替做8～10次。

此外，按摩期间，多吃瘦脸食品会让瘦脸操的效果更好。比如具有收紧皮肤、增加弹性的鱼类和豆制品，以及冬瓜、西红柿、葡萄、西瓜等消肿燃脂的蔬果。配合着这些饮食调理，相信你的瘦脸计划会更快地完成。

瑜伽，时尚的瘦脸之道

爱美是女人的天性，女人都渴望自己拥有曼妙的身材、绯红的娇容。可是，每当照镜子时总会发现脸部胖得让人不满意，脖子悄悄地透露着年龄，双下巴垂了下来，等等，如果这些现象让你意识到了衰老的威胁，怎么办呢？来做做简单易操作的脸部瑜伽吧！它能促进血液循环，帮助新陈代谢，放松面容，改善情绪，让你在最短的时间里达到最好的瘦脸效果。

1. 鱼式瑜伽抚平额头细纹

动作：（1）仰卧。两腿伸直并拢，平放在地上。将两手臂伸直贴近身体两侧，然后将下巴靠近锁骨并使后脑勺离开地面，眼睛看自己的脚趾。此时用两肘撑地使背部离地，然后抬高下巴让头部后仰并让头顶靠地。

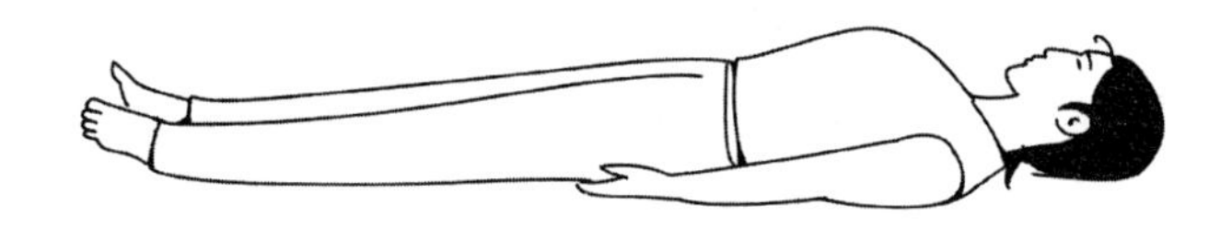

（2）保持你的两手及肘关节靠近身体并紧贴地面。上半身呈反弓形。头顶靠地，脸部朝后。挺起胸部，两肩打开向两侧，肩胛骨夹紧。

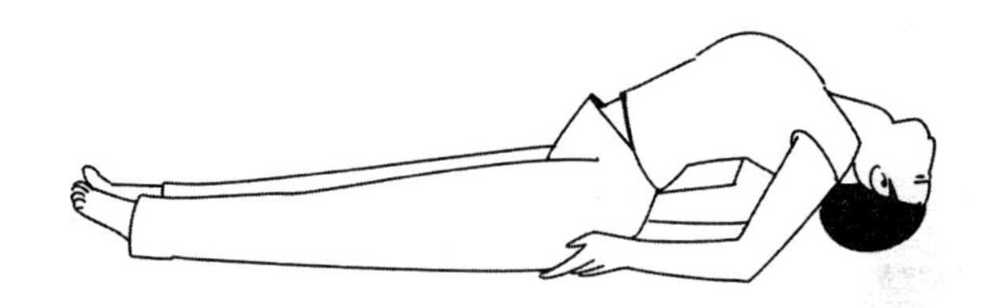

（3）保持此姿势用鼻子做缓慢的深呼吸，停留15～30秒钟。然后慢慢放平身体，回到最初的仰卧姿势，然后弯曲两膝抬至胸前并用手臂抱紧使脊椎得以恢复。

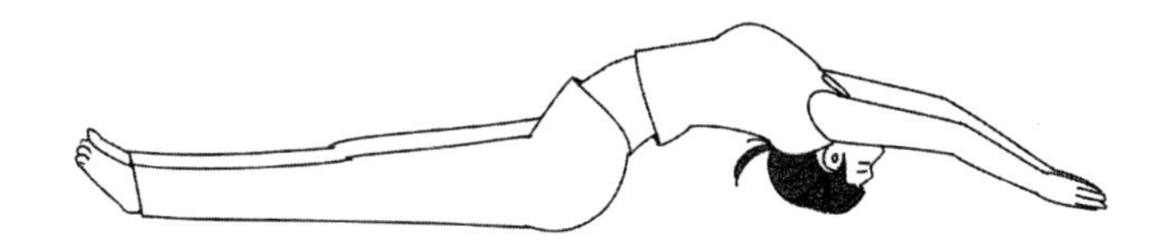

功效：鱼式瑜伽动作是双膝回蜷交叉形成莲花坐状，形似鱼的尾巴，双手合十形似尖尖的鱼嘴。可拉伸颈项，柔韧脊柱，打造优雅完美颈部线条。

2. 双角式瑜伽修正脸部轮廓

动作：（1）以山式站立，然后双腿分开，双手放体旁两侧。

（2）吸气，双臂向后伸展，双肘伸直，双手十指相握。

（3）呼气，上身至腰部向前弯曲，同时双手臂向头的方向伸展，双腿伸直。上身继续向下弯曲，头部尽量向两腿之间靠近，双手臂向前、向下伸展。

（4）吸气，缓慢起身，回位。

功效：双角式瑜伽能让血液大量涌入头部，这样可以滋养面部神经及脑部，让脑下垂体及得到充足的血液供应，同时可以增强皮肤的弹性，预防面部皮肤下垂，还可以拉伸腿部后侧韧带和肌群，使双腿修长。

3. 犁式瑜伽告别圆嘟嘟脸

动作：（1）平躺在地面上，身体伸直，全身绷紧，两脚跟和脚尖并拢；手掌朝下，靠近身体两侧；头部和颈部伸直。

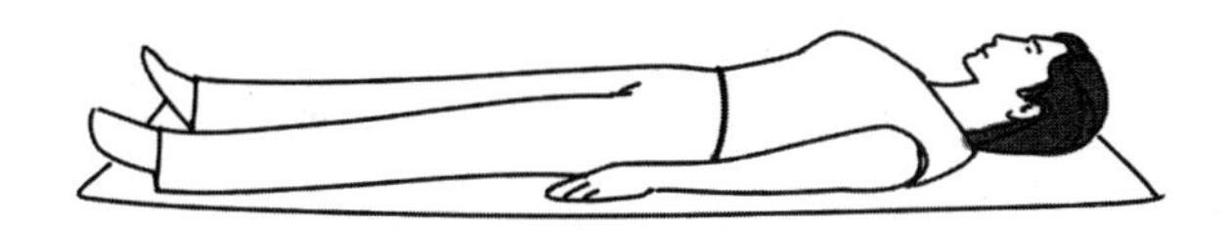

（2）双腿伸直绷紧，脚尖绷直，指向与头部相反的方向。开始吸气，同时两腿向上抬起，一直抬到和身体垂直的位置。吸气与抬腿要同时进行。双手掌保持原位，贴着地面。

（3）当腿抬到垂直位置的时候，开始呼气，同时双腿向头部下放，努力使脚趾触及头部前方所能及的地面（接触点的距离尽量向前，但要尽力而行），然后停留，身体保持平稳。呼气完毕后，保持正常的呼吸，直到动作做完。保持这个姿势10秒钟。

（4）10秒钟后，再把两腿还原放回地面。还原动作要有控制的进行，两腿要慢慢地向地面平放。在整个还原动作中，腿和脚趾均要始终绷紧，两腿应该像木棍一样笔直。当脚跟触及地面时，整个身体放松10秒钟。按照以上方法，重复练习几次。

功效：犁式瑜伽对于保护面部有十分有益的作用，由于练习这个姿势能加速血液循环，血液集中在人体上部。因此，犁式瑜伽能滋补这些部位的组织，增加和恢复面部的青春和光彩。

需要注意的是，做瑜伽前要充分滋润面部皮肤，如果面部过于干燥，容易出现干纹；其次，练习速度要慢。就像身体瑜伽一样，面部

瑜伽的练习速度一定要慢，要确保面部肌肤的每个部位都充分伸展，才能使脸部轮廓达到紧实小巧的效果。另外，最好照着镜子练习，以便及时纠正姿势，而且晚上做更好，可以更彻底地排出毒素。

蔬果茶饮，脸部浮肿的克星

瘦脸与美食，亦可兼得也

减肥瘦身总是与吃分不开，要么饿着瘦，要么吃着胖。其实，减肥虽与饮食有很大关系，但这也不意味着为了减肥就一定要抛弃美食，吃得合理、吃得科学，一样不影响你的减肥大计。就拿很多女性来说，渴望自己有张娇小俊俏的面庞，但却总逃不过美食的诱惑。那么，何不干脆从吃下手，吃出瘦脸美人呢？

1. 细嚼慢咽

牙齿咀嚼时产生的“唾液激素”能够促进大脑活化，让大脑更加积极地指挥身体的新陈代谢。多咀嚼富含纤维质的食物，还能预防便秘，使身体保持轻盈状态，而经由牙齿不断地咀嚼，还可使整个口腔的肌肉活动起来。

不过，不正确的咀嚼方法会影响脸型的匀称度，严重时甚至会使腮帮子变得特别突出。这样即使你吃得再少，换来的也是一张大饼脸！正确的咀嚼方法是食物在牙齿两侧均匀咀嚼，而且要细嚼慢咽，不要经常嚼口香糖，这样才能让脸型越来越立体。

2. 适量补钙

一项研究显示，接受测试的女性每天从食物中摄取1200毫克的钙，能帮助身体更快地消耗脂肪，使脸部纤瘦、身材苗条。因此，补充一定量的钙，对瘦脸有益。

3. 控制盐分

每天摄入的盐分越多，意味着脸部浮肿的可能性越大，因此建议女性少吃罐装食物，比如腌制的鱼、香肠、肉，还有薯片。这些食物都含有大量的盐分，不利于健康和减肥。

4. 少食辛辣

有些女性容易在经期前3天左右发生水肿，这是因为经期前几天体内的雌性激素属于高分泌期，容易导致淋巴系统出现功能性障碍，体内多余水分和毒素比平时更难排除干净，进而导致血管扩张，部分体液自血管渗出，并滞留于组织内。平时喜欢吃辛辣口味的食物，此时如果不忌口，脸部浮肿的现象会更明显。

5. 多吃蔬果

瘦脸离不开全身减肥，因此控制总热量的摄入非常必要。蔬菜和水果热量比较少，多吃不仅容易产生饱腹感，减少进食量，还能帮助你减少吃甜品的欲望。此外，水果和蔬菜的膳食纤维含量高，多吃这些能够预防便秘，使身体时时保持轻盈状态。要注意最好选择糖分较低的水果，比如苹果、梨等。

6. 远离酒精

啤酒、白酒等各种形式的酒精饮料，都可能会引起你的面部浮肿、皮肤松弛。这是因为，一方面，酒精的热量很高，且酒精能促进食欲，喝酒容易导致热量摄取过多，多余的热量会转变成脂肪在体内储存起来；另一方面，喝酒会使身体把酒精作为燃料，停止消耗脂肪。所以，要瘦脸的女性千万不要喝酒。

7. 多喝水但睡前少喝

适量的水是帮助脸部消除浮肿的有效方法之一。如果你不喜欢喝白开水，可以在水中加入少许柠檬片，如果用咖啡、茶、苏打水或水果汁来替代白开水，其补水效果不能等同于800毫升白开水，还可能为你带来计划之外的热量。另外，饭后和临睡前尽量少喝些水，饭后喝水会导致胃液稀释、夜间多尿，过量还会加重眼袋，甚至脸部水肿。

日常饮食中，只要遵循以上这些原则，就不用担心脸部水肿了，瘦脸并非是什么都不能吃，只要掌握方法，吃得正确，一样可以拥有瘦瘦的脸蛋儿！

黑豆浆，“榨”出脸部水分

近些年，豆浆一直受到养生人士的推崇，尤其是许多养生专家建议，女性喝豆浆更有益，因为豆浆中含有一种天然的女性荷尔蒙（异黄酮），它与人体的荷尔蒙很相似。有趣的是，它具有双重的功效，不但能够占据乳癌的荷尔蒙受体让人体的荷尔蒙无法刺激乳癌细胞，另一方面也能够像人体自身的女性荷尔蒙一样防止骨质疏松症。

由此可见，豆浆对女性的健康大有裨益。随着豆浆种类的丰富，不仅是黄豆豆浆，黑豆豆浆也逐渐受到欢迎，因为黑豆浆对减肥有好处，很多女性之所以开始喝黑豆浆，正是由于此原因。其实，黑豆浆减肥的说法也并不是没有根据。

韩国首尔汉阳大学研究认为，黑豆有可能是人类对抗肥胖的一种重要武器。研究人员通过老鼠实验得出：吃黑豆的老鼠体重增加仅为不吃黑豆老鼠的50%；同时，前者血液中的胆固醇水平下降25%，坏胆固醇含量更是下降了60%之多。可见，黑豆浆减肥存在一定科学依据。

黑豆浆减肥的另一个原因是，黑豆中含有的蛋白质有助于减缓肝脏新陈代谢，减少各种脂肪酸和胆固醇的产生，达到减少体内脂肪比例的目的。与黄豆比起来，黑豆降低胆固醇的作用更明显。黑豆浆减肥还有一个原因就是黑豆浆本身就有利尿的功效，可以加快新陈代谢。

由此可见，喝黑豆浆减肥大可一试，其做法也很简单，只需把黑豆洗净后用清水浸泡，然后将浸泡的水倒掉，再将黑豆放入豆浆机里打碎，最后用过滤袋将豆渣滤出即可。不过，需要注意的是，豆浆生性偏寒而清利，所以，有胃寒，饮后有闷胀、反胃、嗳气、吞酸的人，或脾虚易腹泻、腹胀的人以及夜尿次数多、遗精、肾虚的人是不宜饮用豆浆的。

另外，饮用豆浆也不可过量，一次饮用过多，易引起过食性蛋白质消化不良症，从而出现腹胀、腹泻等不适。尤其要切记豆浆不能与药同饮，有些药物，如红霉素等抗生素类药物会破坏豆浆里的营养成分。瘦脸的女性一定要科学喝豆浆才会有效果哦！

蔬果汁让你摆脱“大饼脸”

拥有一张小巧的瓜子脸是很多女性的梦想，消除脸部的水肿性脂肪，是一个最好的瘦脸体现。面对众多的瘦脸方法，该如何来选择呢？这里给大家推荐几种简单易做的瘦脸蔬果汁，让你在日常生活中喝喝蔬果汁就可以把脸瘦下来。

1. 蜂蜜胡萝卜汁

蜂蜜具有排毒养颜的效果，而胡萝卜中含有维生素和多种矿物质，两种成分搭配在一起，就可以达到美容，解决脸部浮肿的问题。它的制作方法很简单，只要早晨空腹时鲜榨一杯胡萝卜汁，再加入一匀蜂蜜，搅拌均匀后便可以食用。

2. 芹菜牛奶汁

芹菜含有的维生素和游离氨基酸等物质，能够起到降血压、降血脂、通便、解毒消肿，促进血液循环等功效。另外，牛奶有美白的功效。芹菜牛奶汁的制作方法也十分简单，将芹菜洗净，榨成汁，再加牛奶拌匀后就可以食用。每日食用2次，可起到瘦脸的功效。

3. 木瓜牛奶果汁

木瓜被称为乳瓜，含有丰富的胡萝卜素、纤维和大量的消化酶和维生素，具有分解脂肪的效果。除了帮助乳房的发育，木瓜对减肥和美容也有很好的效果。选择新鲜成熟的木瓜，去皮、去核，切成块状，加入鲜牛奶，放入餐具搅拌，再加上少许蜂蜜，搅拌完后便可以食用。

4. 苹果汁

苹果是很好的减肥水果，这是毋庸置疑的。不仅如此，苹果对人体健康的贡献也非常大。它能增加饱腹感，让减肥中的人群减少热量的摄入，达到减肥的目的。苹果汁之所以可以瘦脸，主要是因为苹果富含钾元素，非常有利于消除水肿，尤其是脸部和腿部的水肿。

营养学家认为，健康饮食就是与食物建立健康的关系，减肥就需要我们建立这样的关系。饮用蔬果汁的好处很多，工作之余或回家后不妨自己DIY蔬果汁，既物美价廉，享受榨汁的乐趣，还能愉快地瘦脸。

普洱茶，有效减少脸部甘油酯

减肥自然离不开减肥茶，喝茶减肥是许多女性的选择。比如，普洱茶减肥效果就很不错。普洱茶是云南特有的地方名茶，用优良品种云南大叶种的鲜叶制成。其外形条索粗壮肥大，色泽乌润或褐红。同时，普洱茶滋味醇厚回甘，具有独特的陈香味儿，有美容茶、减肥茶之美誉。

那么，普洱茶的减肥原理是什么呢？主要有以下几点：

（1）普洱茶能够减肥起主要作用的就是茶叶中所含的茶多酚、儿茶素、叶绿素、维生素C等物质，茶多酚能去脂解油腻，叶绿素能阻碍胆固醇的消化和吸收，维生素C能促进胆固醇的排泄。

（2）普洱茶对离体肠段有减少收缩幅度和降低收缩频率的作用，小肠收缩频率减慢，意味着对食物的消化较不充分和对营养物质的吸收较少。并且普洱茶能使肠壁舒张，每个蠕动波可以把食物的推进距离增大，因而缩短食物在肠内停留的时间，这样小肠就来不及吸收食物的营养了，借此来达到食物吃得多、营养吸收少的效果。

（3）无论是人工发酵，还是自然陈化发酵，微生物及其代谢产物都是形成普洱茶品质、构成普洱茶汤色滋味、实现普洱茶保健功效的重要组成部分。普洱茶发酵过程中产生的有益菌群，主要是黑曲霉、酵母属一类的，能够帮助消化，促进代谢，从而实现减肥的效果。

不过，如果喝的方法不对或不对症，减肥失败也是常见的。研究表明，想减掉腹部赘肉或脸部脂肪的人很适合喝普洱茶，因为它经过独特的发酵过程，可以提高酵素分解脂肪的功能，所以想要瘦下去就多喝普洱茶吧！但是一定要注意普洱茶减肥的正确方法及注意事项。

下面就介绍下普洱茶的正确泡法：

（1）用手掰下一小块普洱茶（为1/2口香糖大小），加入1000毫升凉水，大火煮开，转小火再煮5分钟，滤出茶汁。

（2）再次加入1000毫升凉水，大火煮开，转小火煮10分钟，滤出第二遍茶汁。

（3）把两次茶汁混合在一起，每次喝的时候，倒一些出来用容器或微波炉加热。喝的时候一般不需要再兑入开水，否则会冲淡茶水，降低效果。当然，如果茶水煮得很浓，适当加入热开水也是可以的。

煮茶是比较讲究的喝法，但是大部分人都是泡茶喝，如果只是单纯减肥，用开水冲泡就足够，但是如果减肥的同时要减脂降压，煮茶的效果会更好一些。

虽然现代医学认为普洱茶具有明显的减脂效果，但要想真正起到减肥的目的，需要长期的饮用才能达到效果，而不是短短几天就见效，只有坚持了才能瘦下去。当然，你也不用担心喝普洱茶瘦得太厉害，普洱茶具有类似于中药的效果，可将体质调节到最佳状态。所以，当体重下降到一定程度时，它就不会再燃烧体内的脂肪。

一杯绿茶，排毒瘦脸两不误

很多人都知道喝绿茶能瘦身，但对于其原理恐怕却不甚了解。绿茶减肥主要得益于其中的芳香化合物能溶解脂肪、化浊去腻，防止脂肪积滞体内，而维生素B_1、维生素C和咖啡因能促进胃液分泌，有助消化与消脂，叶皂素也能为减肥加一把劲儿。

此外，绿茶还可增加体液、营养和热量的新陈代谢，强化微血管循环，减少脂肪在体内的沉积。下面几道绿茶妙方对于减肥有一定的功效，想要瘦脸的女性可以多饮用。

1. 客家擂茶

茶方：绿茶粉、薏苡粉各适量。

用法：将绿茶粉放到碗里，然后加一些炒熟的薏苡粉（糙米粉、黄豆粉亦可），加上奶油搅拌均匀，用热开水冲泡即可饮用。

功效：利尿消脂，养颜，让肤质更细嫩。

2. 减重绿茶

茶方：绿茶1克，大黄2.5克。

用法：用沸腾开水冲泡即可饮用。

功效：治口臭和口腔破皮，降火、通便、除赘肉，常饮此茶还可抗衰老。

禁忌：大便不成形者忌服用。

3. 降脂绿茶

茶方：绿茶粉5克，何首乌、泽泻、丹参各15克。

用法：加水7碗煎煮成两碗分量的汤汁，每日饮用适量。

功效：减少脂肪，对贫血、新陈代谢不良、水肿都有改善作用。

4. 山楂绿茶

茶方：绿茶粉5克，山楂25克。

用法：加3碗水煮沸5分钟，三餐后饮用，加开水冲泡即可续饮，每日一次。

功效：可以消除赘肉油脂，对瘀血的散化也很有效。

虽然绿茶减肥又清肠，但是喝法也很讲究，宜在饭后1小时喝。如果饭后立即喝，时间长了容易诱发贫血，而等到饭后1小时，食物中的铁质已经基本吸收完，这时候喝就不会影响铁的吸收了。每天1000毫升即可，因为绿茶中含有大量鞣酸，饮用过量，鞣酸与铁质结合形成一种不溶性物质，阻碍铁的吸收，影响健康。

红酒，美颜瘦脸气色好

红酒给人一种优雅、高贵的感觉，其外观呈现一种凝重的深红色，晶莹透亮。打开瓶盖后，酒香沁人心脾；啜一小口，细细品味，只觉醇厚宜人，满口溢香；缓缓咽下，更觉惬意异常，通体舒坦。其实，红酒不仅是一种营养丰富的饮料，而且适量饮用还能防治疾病，增强人体健康，甚至还能减肥瘦脸，其养生功效可谓众多。

1．减肥瘦脸

红酒之所以具有极佳的减肥功效，是因为红酒富含维生素C、维生素E和胡萝卜素，能提高人体的新陈代谢，红酒还可以活血暖身，减少体内水分堆积，改善浮肿体质。

2．清洁面部

将海绵放到酸涩的红酒中，然后以打圈的方式，温和清洗脸部皮肤。在清洗的过程，可以将灰尘、汗水、油脂和残留的彩妆一一清洗。洗完之后，皮肤会变得更有弹性。

3．抗皱洁肤

红酒酒精浓度较低，因此得到更多女性的喜爱。红酒中含有较多的抗氧化剂，具有延缓衰老、美容美颜的作用。有不少人喜欢将红酒外搽于面部及体表，因为低浓度的果酸有抗皱洁肤的作用。明代医学家李时珍也道出“葡萄酒驻颜色、耐寒”的特点。

4．延缓衰老

随着年龄的增长，皮肤是最能暴露年龄的。尤其是遭受紫外线的照射，皮肤的老化更为明显，变得粗糙、毛细血管红血丝暴露，因黑色素的产生常常引起黑斑、褐斑、色斑，所以因紫外线老化的皮肤，会引起皮肤病。红酒中的萃取物可以很好地控制皮肤的老化。

由此可见，红酒不仅仅可以瘦脸，其养颜功效也很显著。如果能养成睡前喝一杯红酒的习惯，久而久之会既美肤又纤体。不过，红酒虽好也不可贪杯，如果长期过量饮用红酒，对身体也会造成不良影响。

红豆水，消肿瘦脸效果好

有时候早晨起床照镜子，脸肿得像刚出炉的面包，看起来胖嘟嘟的，很影响面部气色，一天的心情都给破坏掉了。不敢出门，怕丢脸也怕吓到别人，这可怎么办呢？没事，喝点红豆水就好了。

红豆，具有利尿消肿、排水补血、改善血液循环、红润气色的作用。由于人体自身有留钾排钠的机制，红豆作为高钾食物，加上丰富的纤维，非常有助于排便与利尿。把红豆浸泡、加水焖煮后制成红豆水，非常适合消肿瘦脸，堪称食物界的“神仙水”。

另外，如果要加强消除水肿的效果，还可以搭配上薏仁，因为薏仁含有酵素、膳食纤维、维生素B族、抗氧化物质等，可以帮助排水、利尿，甚至使皮肤透亮光滑。不过，饮用前，我们应该注意以下事项：

（1）不是每一个人都适合喝红豆水。红豆水对口味重、压力或排便不顺引起的水肿更有效。疾病引起的水肿要特别注意控制水的摄入，比如慢性肾脏病患者，因肾脏过滤功能失调，喝进去的水排不出去，反而加重身体负担，建议不喝红豆水。此外，红豆水尽量热饮，冷饮会延缓代谢。

（2）红豆与赤小豆是两样东西。红豆古名赤小豆，但现在人们认为，红豆与赤小豆分属不同品种。赤小豆在中医里属药材，外观较一般红豆细长，偏暗紫色，很容易和红豆混淆。赤小豆的利水作用比红豆还要强一些。

（3）瘦人也可以喝红豆水。利水不等于脱水，红豆虽然有利尿功能，但不至于像利尿剂一样，引起脱水或口干舌燥。所以，瘦人也是可以喝红豆水的。

（4）尽量不加糖。一般人喝红豆水习惯加糖，但如果要有效消肿或减重，无糖的红豆水比较适合，因红豆本身含有热量，如果加上糖分的高热量，就会失去原本吃红豆减肥的意义。此外，过量食用甜食容易有饱胀不适感，加重脾胃虚寒的不适感。

当然，对于无糖难以入口的人来说，不妨尝试加入红枣一起熬煮。红枣有天然的甜味，能使无糖红豆水比较容易入口，且其富含钙质和铁质，和红豆、薏仁相互搭配，更能帮助女性补血活血，提高身体耐寒的能力。

第三章 告别大“腹”婆，秀出小蛮腰

小运动，平腰腹

妙趣毛巾操，腰围尺寸一降再降

俗话说：“20岁的女人40岁的腰，30岁的女人20岁的腰。”我们都不希望在年轻的时候拥有四五十岁的腰围，我们更希望在四五十岁的时候还能拥有二十几岁的腰。

如何塑造曼妙的腰部曲线呢？时下，一种简单易行的居家毛巾减肥操越来越受到女性的青睐。只需一条毛巾，一组简单的运动，就能随时随地塑造自己完美的腰部曲线。如果你还在为“水桶腰”烦恼，不妨拿起家里的毛巾，开始你的瘦腰减肥操吧！

毛巾操一

（1）坐在地上，双腿伸直并拢，上身保持直立，臀部肌肉收紧。

（2）两臂向前水平伸直，双手抓住毛巾两端。

（3）腰部用力带动双臂，上身和臀部一起向左转，再向右转，各转20次。

要领：转时要保持上身挺直，双臂不要晃动。

毛巾操二

（1）仰躺在地上，手臂向两侧伸开放在地板上，手心朝下，将毛巾球夹在膝盖之间，弯曲膝盖并尽量靠近胸部。

（2）双腿向左、右两侧倾倒，注意夹紧毛巾，并拢双腿。同时，头部向右、左两侧转。

（3）如此左右练习各10次。

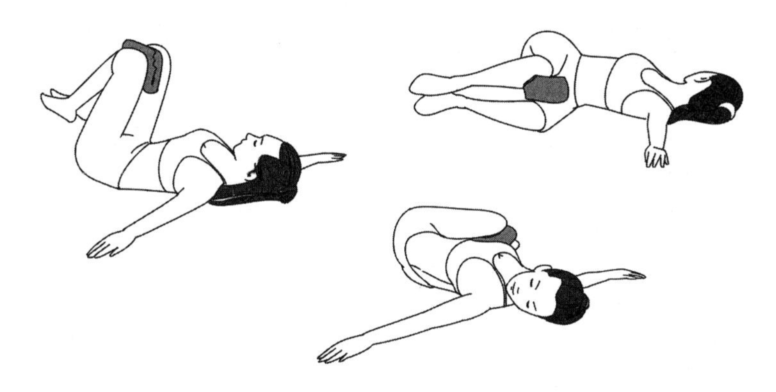

毛巾操三

（1）站立，双脚打开，与肩同宽。

（2）膝盖稍稍弯曲，两手各握毛巾的两端，曲肘90度并夹紧腰部，毛巾在腰部位置绷紧。

（3）提起左脚跟，身体向左转，同时右手向前拉出毛巾。左手肘向后，保持左边毛巾贴于腰部，注意转动时保持身体挺直。

（4）身体恢复正位，提起右脚跟，身体向右转，同时左手向前拉出毛巾。右手肘向后，保持右边毛巾贴于腰部，重复20次。

毛巾操四

（1）仰卧地上，毛巾放在脑后，两手抓住毛巾两端，胳膊45度弯曲，两腿稍微打开与臀部同宽，两脚平行而放，为起始姿势。

（2）吸气，保持起始姿势，再呼气，双手拉紧毛巾向前弯曲同

时屈左膝。尽量使用腹部力量，而不是靠毛巾把头部拉起，抬起的头部尽量靠近膝盖，然后回到起始姿势。再拉紧毛巾向前弯曲，同时屈右膝。10次为一组，共做3组。

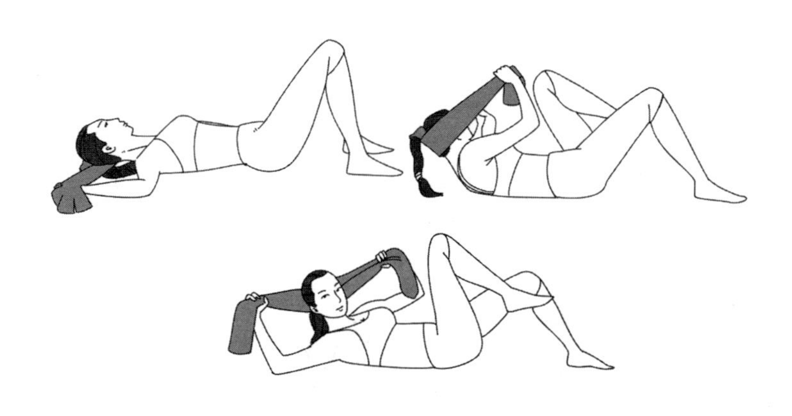

“扭扭”操，小蛮腰扭出来

身材好不好，看腰就知道。如果你的腰部赘肉横生，即使长着漂亮的脸蛋，整体形象也会大打折扣。细腰的女性都喜欢穿露脐装，展露腰间风采，令多少人羡慕不已。心动不如行动，赶快动起来变身零赘肉的“小腰精”吧！

那么，如何才能练出小蛮腰呢？这里向大家介绍几个简单的“扭扭操”，转动腰部和胯部，就能有效地消除腰腹周围的赘肉，打造出女神般玲珑的腰线，一起来试试吧！

扭扭操一

（1）左腿搭在右腿上，右手控制住膝盖，伸直背肌。左手放在后脑勺，胸部打开。

（2）吐气，尽量将上半身往左边扭转，注意背部不要弯曲。保持10秒钟。

（3）吸气，将上半身恢复到原始状态。

（4）手脚左右交替，重复进行动作，左右交替进行三组。

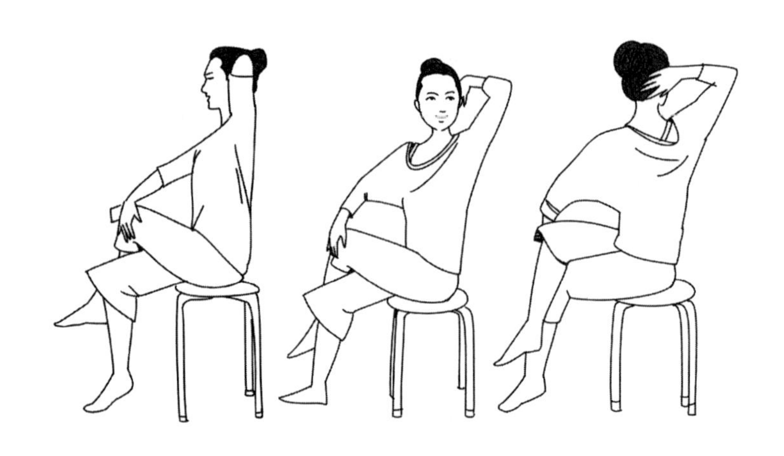

扭扭操二

（1）深吸一口气准备，双脚打开，略比肩膀宽出一些，背部挺直，维持脊柱的直立。两臂伸直，双手交叉位于头顶上方，掌心外翻向上延伸，尽可能地拉长手臂、背部。

（2）双眼平视前方，将胯部自然地向身体右侧推送，尽量地拉伸左侧线条。

（3）将胯部向身体左侧推送，然后一左一右轻松摆胯。当胯部左右摆动时，双手也可以随之带动起来，微微地左右摆动，使腰部有明显拉伸感。

当胯部左右摆动时，双脚站稳，脚板不离地，肩膀不要向前或向后晃动，注意力放在腰部肌肉的拉伸。

扭扭操三

（1）两手置于背部稍后的位置，两膝立起，两脚往中心并拢，小腹凹陷，吸气准备。

（2）吐气，右边臀部抬起，双膝往左侧倾倒。视线尽量停留在右臀部，呼吸，保持这个姿势10秒钟。

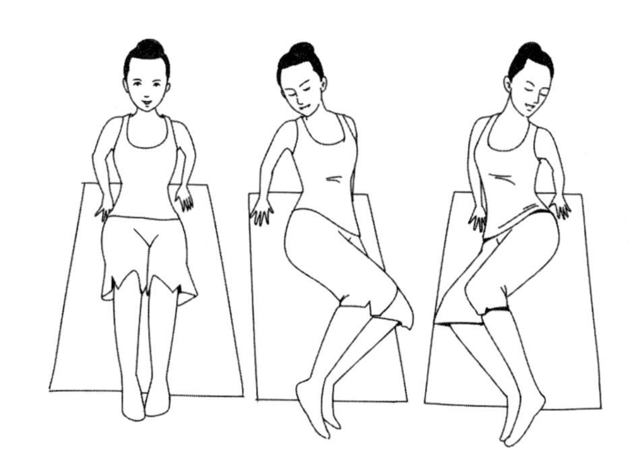

（3）换另一边重复动作，同样保持10秒钟；不要忘记有意识地收腹，左右交替进行5次。

减掉腹部的脂肪，扭动腹部和骨盆周围的练习是有效的方法之一。在家里利用外出前、家务间隙的零碎时间，早晚坚持做以上运动，每个动作保持3～5分钟，一个月下来，你就能感到腹部变紧实了。

日常小动作，宅着也瘦腰腹

提到运动减肥，很多肥胖人士一定会说："平日里忙得恨不得有分身术，哪有时间运动，更不用说运动半个小时以上。"其实，减肥与忙碌真的不冲突。很多忙碌的上班族，经过努力也轻松地瘦下来了。减肥真的是只要你有正确的方法就会成功！

如果你真的不能花上一个多小时来运动，其实也不要紧，只要有减肥的决心，即便是零碎的时间，简单的动作，坚持下去也是有效果的。比如，坐下的时候在双腿之间夹一张纸，没有灵感的时候踮踮脚尖，就这么简单的小动作，既能减肥，又能舒经活络，可谓一举多得。

所以，不要小瞧日常的小动作。国外减肥机构研究表明，一些长不胖的人小动作比胖人多，可见积少成多也一样可以起到减肥的功效。下面就来看看日常哪些小动作可以助你瘦腰腹吧！

（1）无论是坐着或是站着都要挺胸收腹，让身体处于挺直的状态。一开始这么做，可能会很累，但慢慢地就会习惯，不仅让你看上去有气质得多，而且还不易发胖。

（2）平时坐着的时候，在双腿之间夹一张纸，保证纸不会掉下来，就是非常好的瘦腿方法，还可以矫正O型腿，夹着书下蹲效果会更好。

（3）两臂伸展至与肩平行，同时手掌握拳，胳膊肘向后倾，然后用力将胳膊伸展至与肩相平，每天反复20～30次，会感觉肌肉非常舒服。上身向右扭，中心偏右，后背保持直立。

（4）坐正，将双脚脚跟抬起，再放下，再抬起。做的时候身体坐直，上身成一条直线，双腿并拢，小腿与脚底成90度；双脚脚跟尽量抬起，上身不动，双腿并拢，到极限后放下，反复30次。

想要减掉腰部的脂肪，就多做上面这些小动作，利用在家的时间以及外出前、家务间隙的零碎时间，很快就能让你感受到腹部的紧实感，腰腹肥胖的女性赶快行动吧！

弹弹健身球，紧实腰部显曲线

“S”形完美身材是每个女性都渴望拥有的，然而，大多数女性都被腰部的赘肉所困扰。于是开始做各种运动，企图尽快把赘肉消耗掉，比如仰卧起坐，但长期做一种运动比较枯燥。这里，我们来介绍一种新潮运动——健身球，教你如何用健身球锻炼腰部肌肉，塑造性感小蛮腰！

1. 卷腹运动

（1）坐在健身球上，双膝弯曲，双脚平放在地面。双脚向前逐步运动的同时躯干向后贴近健身球，直到下背部完全压在健身球上，双臂交叉放在胸前。

（2）呼气，躯干上半部向上抬起，向内缩紧肚脐，腹部肌肉收缩。下巴抬起，下巴与脖颈之间的距离正好可以放下一个橙子。

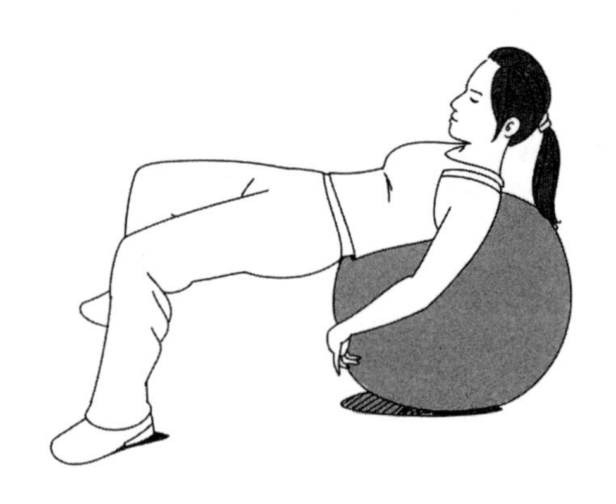

（3）吸气，回到初始位置，直到身体完全躺回到健身球上，重复这个动作10次。

这是所有健身爱好者在健身球上进行锻炼的最佳初始动作，在健身球上进行卷腹练习与在地板上做卷腹练习相比，前者需要克服更多的阻力，动作移动的范围更大，能更好地强壮上腹部和下腹部肌肉。

2. 骨盆倾斜

（1）坐在健身球上，双膝弯曲，双脚平放在地面上；双臂在胸前伸展，与肩同高。

（2）呼气，双手抱头，向后蜷曲尾骨，腹肌绷紧，后背尽量往下压；吸气的同时让骨盆得到放松，回到初始位置。重复这组动作10次。

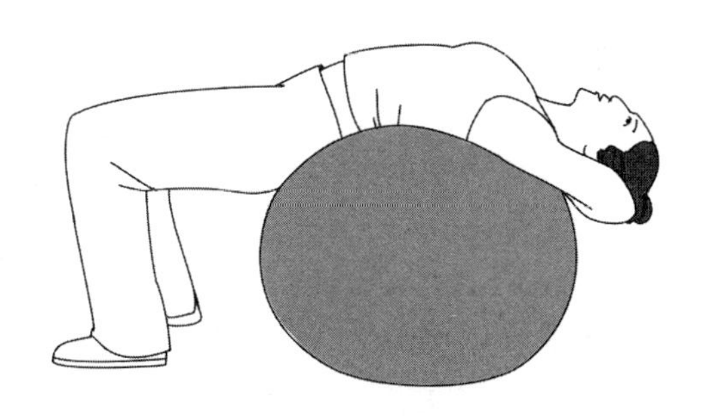

这是一项非常好的热身练习，为腹部开始进行强度较大的练习做好充分准备。能有效地强壮下腹部肌肉，让下背部得到充分伸展。

3. 搁腿起身

（1）身体仰卧，双膝弯曲，两脚脚后跟放在健身球上。双臂伸展，双手放在膝盖处。

（2）呼气，双肩抬离地面。这时健身球会不由自主地产生移动，你要用腿部肌肉的力量来控制健身球，保证它不发生移动。吸气，放低双肩。重复这组动作10次。

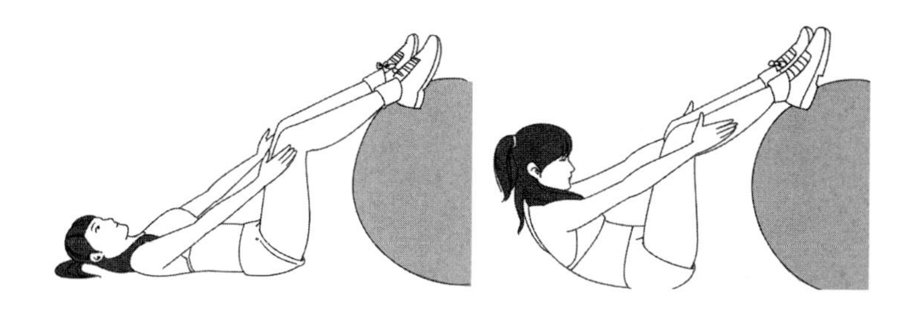

对于完成传统收腹动作有困难的初级健身爱好者来说，这个动作相对更容易完成，可以起到强壮整个腹部肌肉的作用。

如果你正因为腹部的赘肉而烦恼，不妨试试以上这些健身球运动。当然，想要通过运动达到瘦腰目的，并不是一朝一夕就能完成的，需要坚持才会有效果。健身球运动中，保持平衡是一个具有挑战性和重要性的部分，所以它更有乐趣，瘦腰的效果也更好。

普拉提瘦腰腹，美人活力秀出来

当你瘦到一定程度之后，如果想继续塑身，就需要通过专门训练某些肌肉群来打造身体线条，普拉提对提升各部位肌肉线条有着很好的效果。在欧美国家，普拉提的人气要远高于瑜伽，因为普拉提可以很好地训练肌肉。

当然，普拉提也很适合减肥的人士，对于腹部赘肉较多的女性，可以试试普拉提运动，比如下面这几个动作，对瘦腰腹有很好的帮助。

1. 前踏后展

（1）取右侧卧位，右手支撑在耳后窝陷处。左手支撑在体前，抬起左腿与右腿成直角，并与地面平行。

（2）吸气的同时，钩起脚尖向鼻尖踢出。

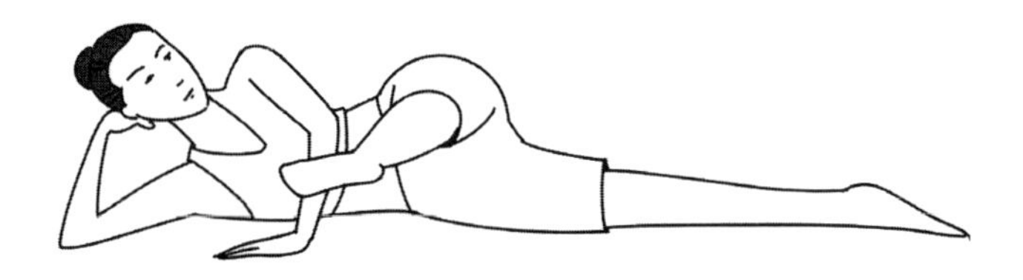

（3）呼气的同时，绷脚尖向后踢至顶点。重复这组动作10次。

2. 双腿伸展

（1）仰卧，呼气的同时，抬头提肩同时屈膝，手触脚踝。

（2）吸气的同时，展臂于头上同时直膝蹬腿。重复这组动作8次。

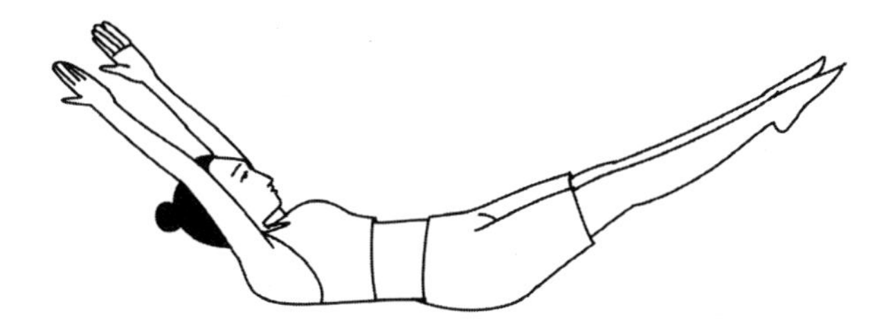

3. 静态腹部

（1）平躺屈膝，双手放于肚脐两旁。

（2）深吸气的同时，腹腔鼓胀，让气流推动双手向上运动。

（3）呼气的同时，腹壁向尾椎靠拢。重复这组动作9次。

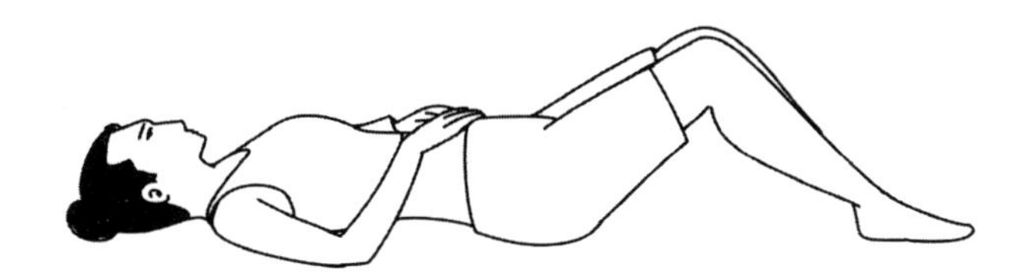

4. 举腿挺身

（1）仰卧，屈膝大小腿呈90度，双臂伸直至过头顶分与肩宽，贴于地面。

（2）呼气的同时，抬头提肩，双手抬至髋骨两侧，眼看双膝，吸气的同时还原，重复这组动作8次。

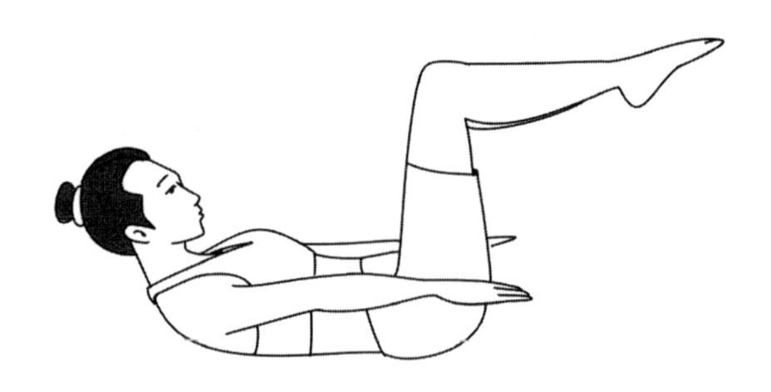

在做以上四组普拉提运动时，要伸直腰，且腹部用力，有肚脐贴到脊梁骨的感觉。一般每日30分钟为宜，同时还要配合做一些有氧运动，这样更有利于减肥。一开始可能会觉得动作比较难，但是随着锻炼的继续，你一定会喜欢上这项运动。

游泳，塑造美人鱼般的身段

游泳是一项非常有效的有氧瘦身运动，可以使身体得到充分锻炼，尤其能增强心肺功能，增强消化和排泄的能力。当你学会了正确的游泳姿势时，它就是有趣、有效的运动。游泳时水中的浮力使肥胖者不受体重的影响。当人体在水中运动时，水流的摩擦促使皮肤和血管的循环和人体表皮细胞的代谢，使皮肤光滑而有弹性。

不仅如此，更重要的是，游泳所消耗的热量很多，这是因为水的传热性是空气的28倍。人在水里停留8分钟所消耗的热量，相当于在同样温度的空气中停留2小时所消耗的能量。炎炎夏日也许你打不起精神去做其他的瘦身运动，但你肯定会喜欢游泳，在清凉的世界里，愉快地消耗掉热量岂不快哉？

游泳要选择适合自己的水域。初学者应选择浅水区来进行。游泳衣裤要合身，不要过大，也不要过小，游泳衣的质地要选择好的，太差的游泳衣对皮肤会产生不良影响。游泳前反复做脚掌和小腿的热身操，防止肌肉、韧带和关节损伤，游泳的时候根据自己的爱好而定，最好控制在1个小时左右。只要持之以恒地坚持游泳，就会告别“大腹婆”的身材。

不过，如果想通过游泳达到瘦腰的目的，还需要特别注意姿势，姿势不对，锻炼效果就会差很多。如果游泳当作一种锻炼方式，要达到瘦身的目的，规范的动作就很重要。只有坚持正确的动作，一步一步地强化，才能塑造出苗条的身型。如果技术动作不规范，就很难达到预定的目标，这就是人们常说的练“偏”了。例如，游泳时要手脚配合，要加强腹部更要注重腰部的发力，如此才能锻炼腰部。

当然，改变姿势需要一个过程。一般刚开始改正动作时，会觉得很别扭，不适应。但是从长远来看，还是有必要的。纠正不正确的动作，是为了更好地锻炼某一局部，只有有针对性地进行练习才能达到减肥的目的。

快速瘦腰的骨盆减肥操

每当看到满是赘肉的腰部时，我们便会自觉地开始控制饮食，甚至加强运动。但可能你不知道，盆骨位置也会影响我们的体态。因为肌肉可以把盆骨拉靠到中央位置，但如果肌肉力量萎缩，就会导致盆骨的角度出现倾斜，所以腰腹变得松弛突出。

肌肉的质感、生长、韧带、关节的硬度多少和遗传有点关系，但由于日常生活习惯、肌肉的使用方式等不同也会使其发生改变。这种类型的腹部肥胖，可以通过改变日常坐姿、站姿以及走路方式来实际感受体型的变化。

1. 盆骨上移引起腰腹往外突出型肥胖

这种肥胖类型的人，是脊椎骨和盆骨紧密连接的肌肉力量衰弱，所以腰腹突出松弛。其特征是脊椎骨和盆骨间出现扭曲或倾斜。我们可以通过锻炼，往上提拉盆骨的腰方肌和稳定盆骨的髂腰肌来“击退”腰腹间的赘肉。具体操作方法如下：

（1）双手叉腰站着，同时，左脚的脚尖向着外面。

（2）保持右脚转向外侧的姿势，将右膝盖往上提高到与腰同高。左脚的脚掌要紧贴着地面，把身体的重量都放在左脚的大脚趾上。视线集中在一个点上，身体就不会摇晃导致晕眩。通过把脚尖转向外侧的动作来刺激臀部肌肉。

（3）右边膝盖往上抬起，直到极限为止。有意识地让右边大腿靠近腰部，但是在做动作的时候不要忘记呼吸。

（4）接着上面的动作，慢慢地放下右脚，在脚放下来之后，左脚的脚后跟向后移，靠在右脚的脚后跟上。同时用力伸直右侧膝盖，两脚的脚掌要用力地压着地面。

2. 盆骨下斜引起腰腹往外突出型肥胖

这种肥胖类型的人是由于连接盆骨和大腿骨的肌肉力量衰弱，所以导致盆骨下斜。股关节扭曲是这类肥胖的特征，走路的时候脚呈外八字，或是内八字的人，容易出现这种问题，从而导致肥胖，以下动作可以收紧臀部。具体操作方法如下：

（1）挺直腰背面对墙壁站着，然后右脚的脚尖转向外侧。

（2）右手按着大腿骨，左手撑着墙壁。把身体的重心放在左脚上，左脚紧贴着地面，右脚往上抬起，成悬浮状态。

（3）继续上面的动作，把往上悬浮着的右脚向外侧打开，然后再并靠回墙面。重复做10次同样的动作，10次动作为1组。

（4）再换成左腿重复做以上动作。

骨盆移动导致的腹部突出型肥胖，矫正骨盆是重中之重，上面这两个动作对骨盆都有很好的矫正作用。只有骨骼正了，外形才会美观，同时，这样的运动也能使腹部的肌肉得到锻炼，达到增肌减脂的效果。

四项动作，轻松告别小腹婆

腹部肥胖的女性，与久坐息息相关，尤其是上班族女性，在电脑前一坐就是一整天，即便是吃得少，腹部赘肉却一点也不少。如何才能摆脱“小腹婆”变身“小蛮腰”美女呢？这里介绍一套简单特别的收腹操，只要简单的几组动作，就能轻松瘦肚子，塑造漂亮的腹部线条。

1. 平板撑

平板撑是最近比较流行的一项运动，是一种类似于俯卧撑的肌肉训练方法，在锻炼时主要呈俯卧姿势，可以有效地锻炼腹横肌，被公认为训练核心肌群的有效方法。具体操作方法如下：

（1）手肘弯曲呈90度，前臂贴地，脚尖点地撑起身体。

（2）保持此姿势60秒钟为1组，每次训练4组，两组之间间隔20秒钟。注意后脑勺至脚跟尽量呈一直线，臀部不要翘起、腹部要收紧上提，才能正确锻炼腰腹部的肌肉线条。

2. 背部伸展

趴着做背部伸展，对腹部的拉伸有不一样的效果。做仰卧起坐的时候，腹部的拉伸感不强，趴姿伸展则要强烈得多，对腹部肌肉的锻炼更到位。具体操作方法如下：

（1）取趴姿，双脚打开与肩同宽，脚背贴地，双手放在双肩正下方，伸直并以手掌撑地，上半身往头顶延伸，腹部要贴地。

（2）如果腹部离地应将手肘微弯使腹部接地面才能伸展，保持姿势15秒钟。

3. 水平腹肌运动

水平腹肌运动之所以能起到减肚子的作用，是因为它同样是针对腹部和腰部的运动，先是消减上腹的赘肉其次是下腹，然后锻炼腰部线条。具体操作方法如下：

（1）躺在垫子上，下半身保持不动，然后进行仰卧起坐，这样可以使胃部凸出的部分收紧和舒坦。

（2）躺在垫子上，上半身保持不动，将双脚抬高做屈伸腿和头上举练习，这样做可以收紧和消减整个下腹。

（3）当完成以上两个练习后，就可以进行腹外斜肌的练习。主要是扭动左右两边的膜腹的肌肉，这种练习起到辅助作用，使上下腹部练习的减肥效果更加明显。

4. 空中踩单车

空中踩单车之所以能减肚子，是因为腿部进行动作时，要运用到腰腹部的力量，动作越到位，对腰腹部的锻炼就越有力。不过，要注意运动不要过量，而且最好在临睡前进行这一动作，效果会更好。具体操作方法如下：

（1）仰躺在床上或垫子上，双腿抬起，保持上身贴地，做好预备姿势。

（2）双脚屈膝，交替模拟踩单车的动作，每次约1分钟。

如果刚开始尝试，可以在臀部下方垫个枕头作支撑。做动作的时候注意脚背最好绷直，动作不要太快，慢慢地把动作做到位，感受腹部及腿部的肌肉变化。

瘦腰不光要迈开腿，还要管住嘴

管住一张嘴，真的能减肥吗

减肥是女性一生的事业，在众多的减肥方法中，节食是很多女性的第一选择。为了瘦下来，女性们坚持每天少吃一点，甚至不吃。她们对此美其名曰："若不今日付苦水，何得明日春光媚。"真是让人佩服这样的决心，不过，减肥真的要如此苛求自己吗？

其实不然，很多人知道每天摄取的能量低于消耗的热量，体重一定会减轻。但是节食会造成体内蛋白质、矿物质和维生素摄入不足，导致营养不良。有些人为了减肥，每天只吃一根香蕉，结果因低血糖而入院。

所以，减肥并不是压缩自己的食量，这是在折磨自己，节食减肥对身体的负面影响是比较大的。

（1）节食减肥易引起身体损害。虽然刚开始节食时，体重会快速减轻，但是，由于身体无法摄入足够的热量和营养，因此会消耗体内的肌肉组织和营养素来供给身体对营养的需求。机体对蛋白质的消耗会引发代谢紊乱，身体各个器官无法正常运转，严重时可危及生命。

过少的进食，会使胆汁分泌量不足，增加患胆结石的可能性。而且，还会使肝肾的排毒能力大大降低。

（2）节食易导致机体紊乱。节食使机体缺少维生素，导致体内胶原蛋白合成出现障碍，皮肤也会因此失去弹性和光泽，人体也会因为缺少足够的维生素而使抵抗力下降。

（3）节食减肥极易反弹。长期节食会使身体缺乏营养，为了维持生命的正常活动，身体基础代谢率会降低，体质甚至会转成易胖体质，这也是姐妹们减肥遇到瓶颈的原因。这时候很多人会自暴自弃，开始恢复正常饮食。而此时脂肪细胞由于长时间被抑制，只能更加快速地成长。而节食导致的较低的基础代谢率，会使脂肪变本加厉地堆积起来。

由此可见，瘦身和健康必须二者兼得，弱柳扶风的林黛玉之美已经过时了。每一位女性都应该成为自己的营养师，用健康的减肥理念，改变不良的生活习惯才是科学的减肥方法。享受美食是一件乐事，你不必因为多吃了几口而担心摄入了多少热量，只要科学适度，一样可以保持苗条的身材。

不想变胖，请远离精加工食品

我们知道，人体所需的能量主要来自食物，所以食物是导致肥胖的重要因素。从食物的性质上来说，高脂、高糖等精加工食品是最容易导致肥胖的。因此，要想预防肥胖，要想早日实现瘦身，就必须远离精加工食物。

那么，什么是精加工食品呢？它是指用精制谷物、植物油或添加糖等加工制成的食品。精加工一般分为两个方面，即食物原料精细和加工精细。

食物原料是经过多层次加工得到的精粮、精面，以及精加工得到的蔬菜瓜果，精选的鸡鸭鱼肉等，这些只是损失了部分营养而已。

而精加工食物则讲究工艺与佐料、色香味形俱全等，包括罐装、脱水，以及添加化学物质来延长保质期、改善口感、软化并长久保存。这样的精加工食品不但添加廉价化学物质，而且降低营养成分，如油炸食品、膨化食品等。因此，精加工食物是非常不利于身体健康的，它会造成如下问题：

1. 营养不均衡

精加工食品破坏了食物原有的活力，使大量营养素流失，导致人体吸收营养的失衡。自从发明精碾谷类的机器后，加工后的谷类中的大部分营养就流失了。

现在，精制的各种甜食和糖果的消耗量增加到惊人的程度，但原有的营养都失去了，而且很容易破坏食欲，使人体维生素B族不足的状况更加严重。

2. 使皮肤衰老

氧化是导致皮肤老化的根本原因，自由基会使氧化遭到破坏。最大的氧化损伤来自食品烹调和加工，比如油炸会使食物氧化，并在体内产生大量的自由基。食物经过精加工会使营养素和氧化剂损失殆尽，人体缺乏氧化剂，皮肤就会失去光泽，摄入大量精致碳水化合物，细胞被糖化，皮肤会失去弹性，产生皱纹，所以要想皮肤好，就要少吃精加工食品。

3. 导致肥胖

精加工食品的添加剂会破坏人体激素，影响新陈代谢功能。此外，许多精加工食品都含有较多的热量，被加入大量的奶油、糖、香料等。其中，糖是导致肥胖和糖尿病的凶手，常吃精加工食品容易导致肥胖。

由此可见，精加工食物存在诸多问题。明代医家刘纯在《短命条辩》里说："非天作之食，不可入腹。"说的就是要吃自然的食物。中医很早就懂得病从口入的道理。长期食用精加工食品，会危害人体器官而早衰死亡，尤其是加工食品含有化学添加剂，化学原料会给人体带来危害。所以，远离精加工食物不仅仅是为了减肥，更是为了健康。

饮食巧搭配，减肥也可以不节食

吃是引起肥胖的最直接因素，所以，我们说减肥离不开饮食，但这并不是说减肥就要盲目地进行节食。其实，只要科学、合理的搭配，减肥就不必担心吃的问题。那么，如何才能放心吃而又不长胖呢？方法就是进行密集食物搭配法。

什么是密集食物搭配法呢？它的概念与热量计算法不尽相同，但两者同样见效。如果要使用此配搭法，首先便要懂得把食物分类：除了水果和蔬菜不属密集食物之外，其他食物，如肉类、奶类和五谷类都属于密集食物。食物配搭法就是主张我们在同一餐之内只可用一种密集食物来配合蔬菜进食。

原理很简单，当你进食了一盘红烧牛肉饭之后，胃便会立刻分泌胃液来消化和分解食物，但是消化牛肉的胃液是酸性的，消化饭的胃液是碱性的，于是两者就会中和，变成没有合适的胃液来消化食物。

怎么办呢？胃只能再一次分泌两种胃液来消化食物，同样又被中和，所以胃便不能有效地消化食物，食物便会在体内腐烂、发酵，变成废料、毒素积存在体内，特别是大腿、腰部、臀部和上臂等缺少活动的部位。

如果每天都这样，食物不能有效地消化、分解和吸收，然后把多余的毒素、垃圾排泄出体外，便自然变成积聚的脂肪堆积下来，而且身体会积存很多用来稀解体内毒素以及中和酸性脂肪的水分，导致身体肥胖。因此，含蛋白质的食物和含淀粉的食物最好不宜同时进食。

（1）含蛋白质的食物：海产贝壳类、肉类、家禽、鱼类、芝士、鸡蛋、豆腐、豆浆、酸乳酪、椰子等。

（2）含淀粉的食物：蛋糕、饼干、面包、红薯、土豆、粟米、南瓜、芋头、通心粉、小麦、西米等。

此外，你应该尽量少吃这些易胖的食物：白糖、糖果、朱古力、蛋糕、甜饼、多油食物、猪肉、快餐、牛肉、面包、芝士、咖啡、汽水、浓茶、含酒精的饮品、奶粉、零食、果酱、含防腐剂和色素的食物。

总之，要想不胖就要记住食物配搭法的重点：每天以蔬菜来配合密集食物进食，而密集食物可以是含蛋白质或淀粉的食物。豆类和豆制品本身的天然成分都含蛋白质和淀粉，所以只宜与蔬菜一起进食。进食时，少喝水，因为水会冲淡胃液，影响消化能力。

减肥饮食也讲究“量体裁衣”

肥胖存在很多种类型，不同的类型适用的减肥方法也不同。饮食上也是如此，只有选择适合自己体形的饮食方案，才会起到事半功倍的减肥效果。下面介绍一下梨形身材和苹果形身材在饮食减肥上存在的不同。

1. 梨形肥胖饮食

特征：梨形肥胖即下半身臃肿，腹部因脂肪集中像小球，臀部平宽且有浮肉下垂，大小腿肥胖。这类人群往往喜欢甜食，除了3餐外，偶尔吃零食和夜宵，饮食中纤维含量较少，每天坐的时间较长。这种体形在东方女性中最常见，尤其是上班族女性居多。

饮食原则：（1）适当增加蛋白质的摄入量。梨形身材的人关键在于塑造下半身的曲线，加速深层脂肪的分解和排毒。因此，在饮食上保持主食量不变，适当增加蛋白质的摄入量。这样既有助于长时间保持饱腹感，又有助于增加肌肉，巩固减肥成果。

（2）降低脂肪摄入量。炒菜时尽量减少用油量，用小火炒，引出蔬菜本身的甜香味；远离油炸，以蒸煮炖或烧烤来取代油炸。经常在外就餐的人，可以选择卤味替代油炸食物。尽量挑白肉、瘦肉，选择较瘦的部位，尤其要多以鸡、鱼等白肉取代猪肉、牛肉等红肉。

（3）多喝水和蔬菜汁。水能促进体内毒素的排除，多喝蔬菜汁也可以在利尿的同时将毒素排出。

此时，多选择全麦面包等也可以帮助肠道的蠕动。

2. 苹果形肥胖饮食

特征：苹果形身材胃部以下脂肪厚且集中，犹如“水桶”，这种身材在中年人中占比较多，他们从事静态工作，长时间坐着，无形中就“坐大”了身体的中部。吃得快，饭量大，经常过度集中进食是他们的饮食习惯。瘦身要点是着重脂肪分解燃烧，缩腹减腰，修饰大腿内外侧。

饮食原则：（1）减少主食量。在吃正餐前可以吃点蔬菜沙拉，这样就可以少吃主食。维持蛋白质的摄入量，一天60克即可，以多餐和多元化为原则，一天内少量多次补充，尽量不要集中在餐内摄入。

（2）选择含水分高的食物，摄取少量糖类和脂肪。这种吃法可以平衡细胞的需求，维持皮肤、指甲和毛发的光泽。蔬菜生吃或者煮熟后吃都可以，能够完整保留食物中的水分和天然维生素。

学会这几招，进餐方式也瘦身

控制饮食是减肥的必要措施，减少食物的摄入量的确能很好地瘦身。其实，在进餐方式上，我们也应该采取一些措施，因为吃的方法也能影响到减肥的效果。那么，怎样的进餐方式才不容易发胖呢？赶紧来了解一下吧！

1. 以流食为主

流食瘦身，是指在4个月或更长的时间内完全不吃固体食物，每天只喝几杯调味的蛋白质液，总热量为1673.6～3347.2千焦的流质，一星期体重就可减掉2～4千克，此后每周可减2.5千克左右。当然，这是针对重度或严重肥胖的人来说的，而且减到标准体重后体重的降幅开始变小，此时也应该停止流食。

2. 少食多餐

少食多餐也被形象地称为“羊吃草”，是目前一些西方国家流行的瘦身方法。这种进餐方式不仅省时间，而且由于空腹时间缩短，可以防止脂肪积聚，有利于防病保健，既能瘦身，又能促进身体健康。

3. 分类食用

德国营养学家提出的一种新式减肥法，也就是说在每一餐中，不能同吃某些食物。比如，在吃高蛋白、高脂肪的荤菜时，可以搭配着吃一些蔬菜，但不能喝啤酒，不能吃面包、土豆等含碳水化合物食物。这主要是因为人体脂肪由多种营养素组合而成，在食用高蛋白食物时，没有碳水化合物的摄入，人体就不易发胖。

4. 提前进餐

美国医学家研究认为，吃饭时间的选择也有利于体重的增减，甚至比摄入的数量和质量更重要。这是因为，人体的新陈代谢状况在一天的不同时间里是不同的。一般说来，早晨起床后，新陈代谢逐渐旺盛，上午8～12点达到高峰。因此，减肥者可把进餐时间提前，早饭安排在6点钟以前，午饭安排在10点左右，也是值得一试的。

5. 点数进食

点数进食是目前日本流行的一种节食减肥方法，其原理是按照每天规定饮食的质与量，就能吃得轻松、长得健美。这种方法按照食物的营养特征将其分为四大类：第一类指牛奶、乳制品、蛋类，第二类为鱼贝、肉类和豆类，第三类是蔬菜根茎类、水果类，第四类包括谷物类、砂糖、油脂及坚果类零食。

食物的重量以80卡（1卡≈4.186焦）定义为1点，作为计算单位。如脱脂奶粉1点等于23克，即表示23克的脱脂奶粉含80卡的热量，然后将每天所吃的全部食物用各种热量点数来表示。

例如，每天20点（1600卡，约合6.69千焦）为每天的膳食热量，

20点可以分配如下：第一类3点（牛奶、奶制品2点，1个鸡蛋1点)，第二类3点（鱼、肉类2点，豆类1点），第三类3点（蔬菜1点、芋类1点、水果1点），第四类11点（谷薯类8点、糖类1点、油脂2点）。

食物的搭配只要在热量点数范围之内，可以根据个人的喜好，自由排列组合。这样选择食物，首先保证可以规范进餐，每天只吃点数规定范围内的食物，就容易控制热量。

另一方面，可以进食更自由，没有太多的限制。进食哪一种食物并不重要，重要的是食物的总重量与总热量，因此一定程度上打破了“减肥就是不能吃不能喝”的错误观念。

科学喝水，轻松瘦小腹

我们经常能听见一些易胖体质的人说“喝水也会胖”，这话一点也不夸张。其实，之所以喝水都容易胖，是因为没有找对喝水的时间和方法。水喝对了，不但不会长胖，还有助于减肥。所以，减肥的你还是先学会怎么喝水吧!

1. 适量饮水增进饱腹感

大脑的饱足感受到很多因素的影响，其中的一个信号就来自胃肠系统，当胃被食物、水填满时，开始膨胀的时候，伸展受体会被活化，然后经由迷走神经直接向脑部传递信息，告诉大脑“饱”的信息。

喝水和吃饭一样能撑大胃部，传递饱足信息。即便你没有吃饭，只要喝下足量的水，大脑也会以为你吃饱了。水中没有能量，因此不会让你长胖，但是喝水必须注意适可而止，更不能用水来代替正餐。

2. 喝水使食物消化加速

胃里面的食物一旦吸收了水分，就会变得不浓稠，流动性也增加，因此使得食物通过胃与小肠的速度加快。与此同时，负责消化食物的消化酵素，却因为受到水分的稀释而使消化率降低，两者情况叠加，使食物还没有完全消化就被排到小肠末端。一旦未消化的食物到达此处，小肠内分泌细胞受到刺激，就会分泌激素，告诉大脑停止进食。当然，进食的时候不宜大量喝水，适量就好。

3. 清晨喝水减肚子

吃早餐前喝一杯白开水，能够加快肠胃的蠕动，把体内的垃圾、代谢物排出体外，减少小肚腩出现的机会。虽然说早上喝水的选择有很多，但是白开水仍然是最好的选择。它是天然状态的水经过多层净化后煮沸而来，水中含有钙、镁等无机盐类，而水中的微生物已经被杀死。

另外，白开水中不含有蛋白质、脂肪、碳水化合物等易胖的物质，既能补充细胞水分，又能降低血液黏稠度，利于排尿。通常，饮用白开水半个小时以后，身体就会排出前天晚上的代谢物，还能增进早上的食欲。

4. 下午喝花草茶水减赘肉

肥胖最主要的表现形式就是腹部赘肉，主要是久坐、摄入高热量食品造成的。下午茶的时候，正是人最易疲惫、困倦的时候。此时是因为这类不好情绪的影响，很容易摄入过多热量的脆弱时间段。

这个时候最好的办法，就是通过喝花草茶来驱散情绪不佳而想吃东西的欲望，同时，花草的气味还能降低食欲，也算是为只吃七分饱的晚饭打下了埋伏。

由此可见，科学喝水有利于排毒减肥，正常人每天消耗水量为2000～2500毫升，体内物质氧化可生水300毫升，因此每天补充2200毫升水量是较为合适的，不过喝水不要一次喝太多，分时间段喝是最好的，也不宜为了减肥每天大量喝水，容易造成水中毒哦！

常做减脂按摩，轻松除赘肉

塑造“S”形身材，腰腹按摩不可少

爱美是人之常情，对于女性来说，除了希望自己拥有一个漂亮的脸蛋之外，还希望拥有“S”形身材。如果二者兼备，那就成为别人眼中的“女神”了。不过，想要“S”形身材还是先瘦腰吧！

这里介绍一个按摩瘦腰腹的方法，它的原理是：腰部臃肿，通常是由于脂肪在此堆积过多造成的。中医认为，人体气血阻塞，血液循环不畅，代谢出现障碍，营养无法完全输送到各个毛细血管，便会导致代谢变慢，脂肪堆积。

而按摩的过程，其实就是一个活血通经、行气散瘀的过程。通过按摩，能提高机体代谢能力，加快血液循环，促使毛细血管扩张。达到有效刺激腰腹肌肉、加速脂肪消耗，使腰部变纤细。以下几种按摩都能起到燃烧腰腹部脂肪的效果。

（1）取仰卧位，裸露腹部，双手垂叠按于腹部，以肚脐为中心顺时针方向旋转摩动50圈，使腹部有发热感及舒适感。

（2）由胸部下方开始垂直往下向腹部按摩，以双手重叠波浪式按摩3次，再顺着同一个方向以柔捏手法按摩5次，促进脂肪的分解。

（3）以右手中指点按中脘穴、下脘穴、关元穴、两侧天枢穴，每穴持续按压1分钟，以不痛为宜。点按天枢穴时，先点右侧后点左侧，重点在左侧，手指下有动脉搏动感，并觉两腰跟处发胀，有寒气循两腰眼下行，松手时又有一股热气下行至两足。

（4）双手抹上乳液，以画大圆的方式由右至左按摩小腹与腰部，连续画圆5次。

（5）按摩推腹，两手手指并拢伸直，左手掌置于右手指背上，右手掌贴腹部用力向前推按，接着左掌用力向后压，一推一回，由上腹移到小腹做3次，再从左向右推3次，以腹部微有痛感为宜。

这几个方法可以有选择地进行，不要求一次性全部做完。每次按摩的时候，可以选择其中一两种方法，在下一次的时候选择另外几种方法，如此交替的使用，能起到很好地燃脂瘦腹的效果。

肠道按摩，排毒减脂消除赘肉

肠道内堆积废物过多，是引起腰间赘肉堆积、便秘的重要原因之一。如果想要减腰腹赘肉治便秘，首要任务就是清理肠道。每天只要进行3分钟的肠道按摩，不需要痛苦节食，就能轻松减肥瘦肚，不信就来试试按摩大肠和小肠吧！

其实，按摩肠道能够减肥，其原理在于透过按摩提升肠道活性，让肠道健康，达到健康美容减肥的效果！在按摩进行前，我们要做好预备姿势：仰卧并立起膝盖，腹部的肌肉能够松弛。这样，手指能够轻易按压，按摩效率更高，全身要放松。

1. 放松小肠

小肠是吸收食物营养的地方。小肠黏膜具有许多环状皱襞和绒毛，有利于营养物质的吸收，其分泌的胰液和肠液含有多种消化酶，能分解蛋白质、糖类和脂肪。如果其功能变差，食物就会长时间滞留，于是会摄取过多的卡路里，并吸收不到瘦身所需要的成分。因此，通过按摩提高小肠的机能十分重要。具体操作方法如下：

（1）取部立或仰卧位，将双手的食指、中指、无名指并拢，两手交叉叠在一起用指腹的力量按压腹部。

（2）按压时从肚脐左侧3厘米的位置开始，如同画U字一样温柔地向右揉开。关键是要仔细地按摩，感到有硬的地方，将其按到变软为止。

（3）也可以将双手交叉置于腹部，用上方的手进行按压。并非像指压一样用力按，而是为了放松肠道的紧张，温柔地按压，这是关键。感到有点硬的话，说明那里聚集了气体和大便。

2. 通畅大肠

大肠接受小肠下传的食物残渣，再吸收其中多余的水分，形成粪便，经肛门排出体外。其主要生理功能是传导糟粕，糟粕的传导通利依赖于大肠本身功能的正常。所以，通过按摩使大肠机能变好，不让大便和气体堆积，毒素得以排除，才不会发胖。具体操作方法如下：

（1）身体左侧向下横卧，将大拇指以外的四根手指放在骨盆内侧，大拇指放在背侧，夹住腰部。

（2）大口吸气，然后一边慢慢吐气，一边将手腕向身体内侧倒。数“1、2、3、4”用力按压，然后边吐气数“5、6、7、8”边放开。

（3）将步骤（2）的动作重复3次，身体的另一侧也同样重复3次。

同时，在进行肠道按摩减肥期间，应多吃富含膳食纤维的糙米，糙米能够补充维生素B，它是提升基础代谢、加速脂肪与碳水化合物燃烧不可或缺的营养素，坚持肠道按摩，并配合健康饮食，就能很好地起到减肥瘦肚的效果。

搓搓揉揉间，小肚子消失了

大肚腩是令许多肥胖女性烦恼的问题，有的女性躺下来肚子高过胸部，也有的女性裤腰超过100厘米，无论是穿衣服还是起卧都受到影响，有没有什么方法能够消除大肚腩呢？这里给大家介绍一个揉腹瘦肚法，让你快速告别大腹便便。

揉腹瘦腰法非常简便易学，每天早晨和晚上各做一次，只要常年坚持锻炼，就能收到良好效果。与此同时，如果在饮食方面适当控制，少吃荤和米饭、面食，多吃一些蔬菜和水果，效果会更显著一。

操作：（1）仰卧床上，全身放松。

（2）先用右手在腹部以肚脐为中心，从外向里，按顺时针方向，先沿胸肋骨边缘转30圈，然后缩小到腹部再转30圈，最后围绕肚脐转30圈。

（3）随后更换左手，仍以肚脐为中心，从里向外，按逆时针方向，先围绕肚脐转30圈，再在腹部转30圈，最后沿胸肋骨边缘转30圈。

要领：（1）揉腹开始前一般要求解开衣裤，以直接揉摩为宜，以正身仰卧为主，每次揉腹以30～40分钟为宜。

（2）揉腹要有一定的强度，但也不宜用力过大，自己感觉确实在揉肚子即可，不能有气无力地转圈，那样达不到瘦腰的目的。经过一段时间锻炼，就可以使腹部脂肪逐渐减少，腹部自然会瘪下去，且比较柔软。

（3）揉腹期间，由于胃肠臑动增强等生理功能的变化，常会出现腹内作响、嗳气、腹中温热或易饥饿等现象，这都属正常效应，可顺其自然，无须作任何处理。

（4）如果腹内患有恶性肿瘤、内脏出血、腹壁感染及妇女妊娠期间均不宜揉腹。

常敲带脉，摆脱腰腹“游泳圈”

整天坐在办公室，其实真的很容易养成肥臀大肚，尤其是对于不爱运动的女性朋友来说，腹部赘肉本来就多，如果久坐不动，肥胖会越来越严重。因此，建议上班族女性，多起来走动走动，之外，也可以经常敲敲带脉，让气血循环，脂肪才不会堆积。

那么，什么是带脉呢？很简单，它指的是我们平时量腰围时的那一整条线。敲带脉其实指的就是敲打位于腰部两侧的带脉穴道。

之所以取名为“带脉”，一是此经脉像是一条带子缠在腰间，二是因为与女性的经带关系密切，按现代的话说，就是专管调理月经及妇科各器官功能的重要经络。带脉是奇经八脉之一，有“总束诸脉”的作用。

人体其他的经脉都是上下纵向而行，唯有带脉横向环绕一圈，好像把纵向的经脉用一根绳子系住一样，所以哪条经脉在腰腹部出现问题，如郁结气滞、瘀血堵塞，都可通过带脉来进行调节和疏通。

敲带脉能很好地起到减肥功效，尤其是减肚子两旁的赘肉。带脉是一个范围，位于腰的两侧，通常我们在睡觉的时候，肥胖的人会在腰部露出一个“游泳圈”，敲这个游泳圈就能燃烧脂肪，减掉腹部赘肉。

操作：（1）两手的食指分别放在肚脐的两旁；食指向外侧面画

横线，一直到跟身体侧面交会的地方，这就是带脉穴。敲击时两手握成空拳。

（2）每天晚上睡觉前，躺在床上，用手来回敲打带脉（即身体两侧、腰边的赘肉），用力适中，大概100下即可。当然，坐着或者是站着的时候，也可以敲，有益无害。

要领：敲带脉的力度不要过大，另外需要长期坚持。减肥期间不需要特意节食、锻炼或者忌口，但是最好饮食清淡。

穴位按摩，轻松抹平小肚子

“如果身上有个穴位，只要按一按就能瘦，那该有多好。”或许你觉得这只是一个愿望，其实，我们身上还真有“瘦身穴”，只是你不知道而已。下面我们就来看看按摩哪些腹部穴位可以帮助治疗消化系统、神经系统和泌尿系统的疾病，又可以消除腹部脂肪吧！

1. 天枢穴

经常按摩天枢穴可促进肠道良性蠕动，并且这种对肠道的调节有明显的双向性，既能止泻，又能通便，长期保养并按摩此穴能够确保肠道健康，帮助消化，清除肠道内常年累积的宿便，轻松赶走堆积在腹部的赘肉，让小腹平坦。

位置：肚脐两边左右旁开2寸处（自身一指宽为1寸）。

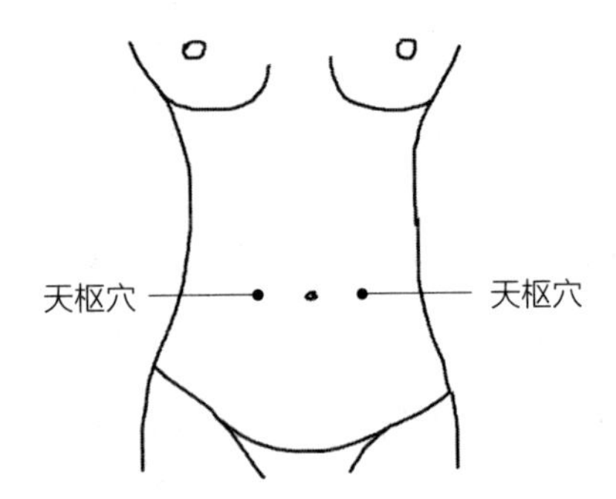

操作：天枢穴可采用按揉的方法，力度稍大，以产生酸胀感为佳。也可采用挤压穴位的方法，即将两手掌平放在小腹上，用食指和中指对称挤压天枢穴；或者睡前用双手食指指端同时回环揉动天枢穴50～100次，逆时针和顺时针方向各重复一次。

2. 气海穴

气海穴是一个非常重要的保健穴，全身的气都会从这里出入丹田。按摩此穴可以帮助消化，改善腹部肿胀，消除腹部积食，预防小腹突出。

位置：肚脐正下方1.5寸处。

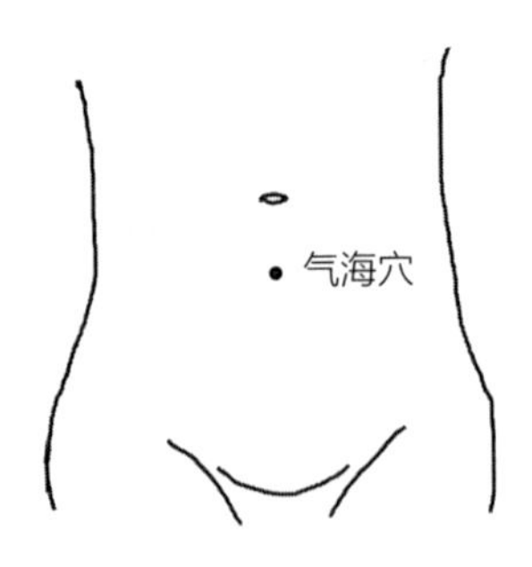

操作：先用食指或中指点揉气海穴，然后逐步加大力气，直到小腹感到酸胀为止，之后用掌心顺时针揉搓1分钟。

3. 中脘穴

中脘穴是胃经的募穴，胃有病变，这里会最先发生反应。经常按摩此穴可帮助化解胃胀、胃痛、宿便等不良情况，并促进体内淋巴和血液系统循环，加快体内多余水分排出，美化腹部线条。

位置：人体前正中线，肚脐上4寸处。

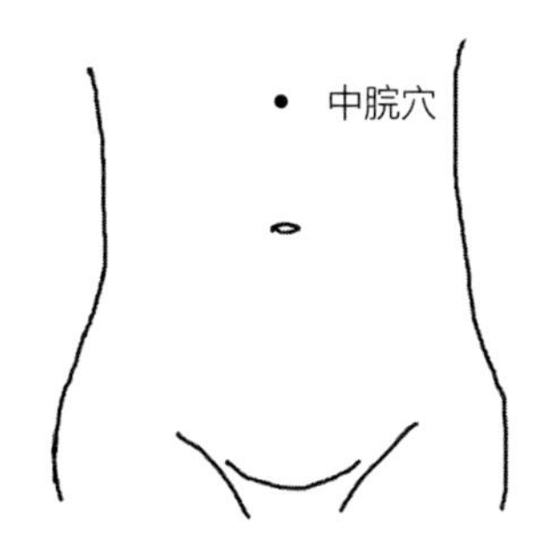

操作：用拇指指端顶住中脘穴，顺时针、逆时针各按摩50次，然后用双手中指和食指相叠加，中指指腹按压此穴位。

4. 水分穴

经常按摩水分穴可刺激肠胃，促进腹腔内脂肪及废弃物的代谢，锻炼腹肌，从而削减小腹赘肉，平坦小腹。

位置：腹部正中线肚脐上约1寸处。

水分穴

操作：用食指点按水分穴2分钟，或用食指指关节按压此穴。按摩该穴主要针对脂肪型腹部肥胖。

将双手分别放在肚脐两侧，用手掌掌根把肚脐两侧的肉向中心挤压。按摩腹部的同时，深吸一口气后慢慢呼出，呼出后双手松开，重复动作5次。

5. 三焦俞穴

三焦俞穴，也被称为“调肾穴”。经常按摩此穴，可促使体内胰岛素功能活跃，有助于人体气血流通，化解体内水湿之气。按摩此穴对调节肾气很有效，可促进腰部脂肪的燃烧，缓解各种腰部不适。

位置：第1腰椎棘突下，左右旁开1.5寸。

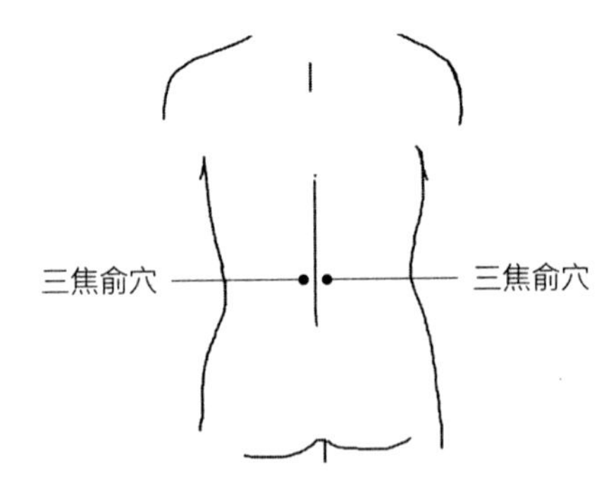

操作： 用拇指指腹点压此处，点压时一边缓缓吐气，一边强压5秒钟，如此重复20次。

6. 神阙穴

神阙穴又称脐中，“气舍”“下丹田”“命蒂”。刺激神阙穴会使脐部皮肤上的各种神经末梢进入活动状态，以促进人体的神经、体液调节作用，提高免疫功能，改善各组织器官的功能活动，尤其是能加速血液循环，改善局部组织营养，燃烧腹部脂肪。

位置： 神阙穴位于人体腹部中央凹陷处，肚脐处。

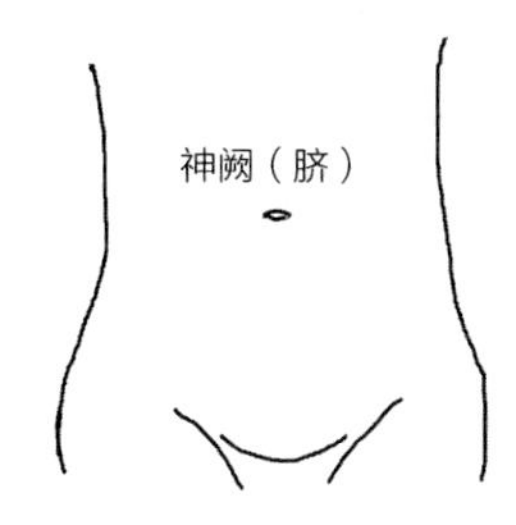

操作： 除拇指外，其余四指并拢，顺时针、逆时针交替转圈按摩肚脐。也可以大拇指先往手心内收，其余四指握拳，用空拳轻轻拍打。

7. 志室穴

志室穴是足太阳膀胱经的常用腧穴之一，按压志室穴可影响肾脏分泌激素，也可加速脂肪代谢速度，减少腰部赘肉。

位置： 第2腰椎棘突下，左右旁开3寸处。

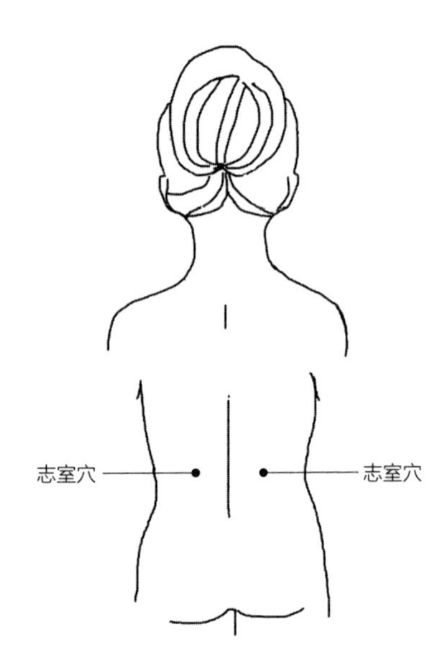

操作：用拇指抵住腰椎处，找准穴位后用拇指指腹按压5秒钟，重复10次。

总的来说，穴位按摩虽然能起到一定的燃脂作用，但需要长时间坚持，最好配合其他有氧运动，以及饮食调理，效果会更明显。减肥不是一两天的事儿，你必须要有恒心和毅力，不要因为短时间看不到效果就放弃，这样只会功亏一篑。

▶第四章 圆润翘臀，"瘦"出来的性感

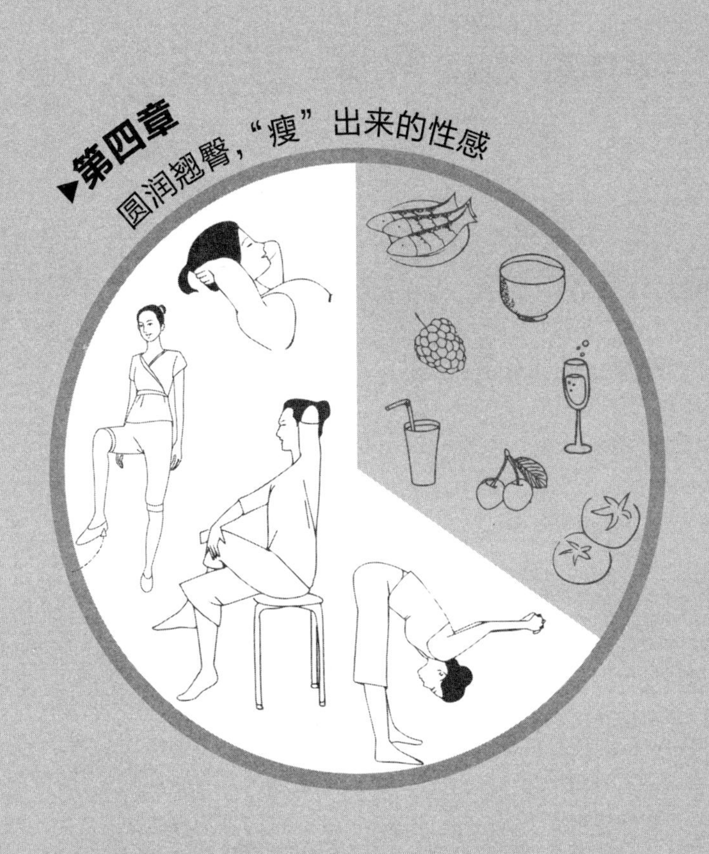

了解臀部，塑造更美臀线

完美臀型的标准是怎样的

时尚潮流一浪推一浪，审美标准一天一个样。在骨感美女、超薄型美女引起人们的审美疲劳之后，时尚窈窕健康美女新标准又出来警示我们：你的腰该多粗、臀该多大、胸该多挺、腿该多细……如果这些标准你都符合，那么恭喜你，你是个典型的新时尚窈窕美女。如果不达标怎么办呢？那只好行动起来了。

不过，行动之前，你总该对照标准检视一番自己的身材，找出差距和问题所在。所谓知己知彼、有的放矢才能取得减肥的成功。事实上，很多人对自己的臀部都不满意，那么，什么样的臀型才算标准呢？

标准的臀围≈身高（厘米）×0.54

臀部最凸出的地方应刚好位于身体的中心位置，其大小应与上半身的比例协调，看起来轻盈、微微上翘；从侧面看臀部曲线应浑圆，如此情形下，臀部及腹股沟间的线条才会看上去很美。如果侧面线条不浑圆，而且下垂，那得赶紧想办法矫正。

理想的腰臀比＝腰（厘米）÷臀（厘米）

腰臀比(WHR)是腰围和臀围的比值，健康的未育女性一般在0.67～0.80之间，男性一般在0.85～0.95之间。如果女性腰臀比超过0.8，男性腰臀比超过1.0，就是典型的上半身肥胖（苹果）型身材。

许多研究认为，女性腰臀比的最佳值是0.7。美国一组医生对3类体重（正常体重、低体重和超重）和4类腰臀比（0.7、0.8、0.9和1.0）组合成的12种女性体形进行评价，发现医生们比较欣赏正常体重伴低腰臀比为0.7或0.8的女性，认为她们最有魅力，最健康。

对自己臀部不满意的女性，试着用以上公式计算一下自己的臀围和腰臀比，然后根据数值进行针对性的塑形，相信你也能拥有一个完美的臀部。

你属于哪种臀型

爱美是女人的天性，除了美丽的脸庞之外，身材的匀称美也同样不可忽视。随着年龄的增长，女性的臀部容易堆积脂肪，日渐变松弛。尤其是东方女性的臀部大都比较扁平，如果加上脂肪堆积，就会更加难看，所以臀部的塑形很重要。因为每一个人的臀型都是不一样的，所以臀部粗形要对症选方法总体来说，臀部可分为以下四种类型。（注意：以下四组图为臀型对比图，左边为标准臀型图。）

1. 大而肥胖的臀部

特征：腰臀与大腿的尺寸，都超过标准范围。在骨盆肌大腿附近堆积过多脂肪，使得臀部变得肥大。

对策：饮食少脂少油，多吃蔬果；多做腿部运动，燃烧脂肪。

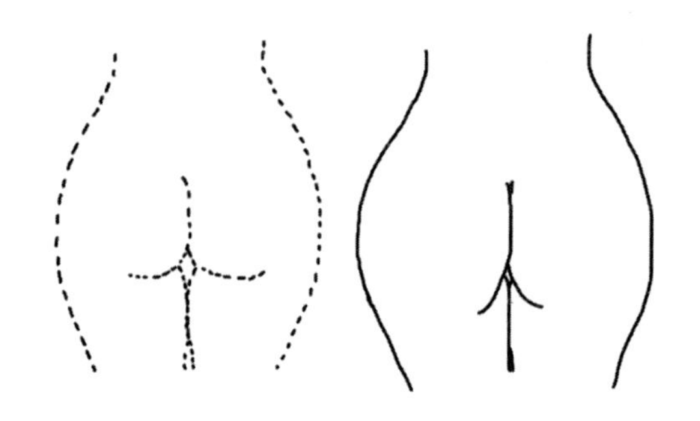

2. 小而瘦弱的臀部

特征：腰臀与大腿的尺寸，都小于标准范围。臀型从正面看像直直的竹筒，侧面看起来扁平，大多数年轻女性都属于这种臀型。

对策：加强臀部的肌肉训练，饮食不要过于节制，适当的补充营养多长点肉，曲线会更完美。

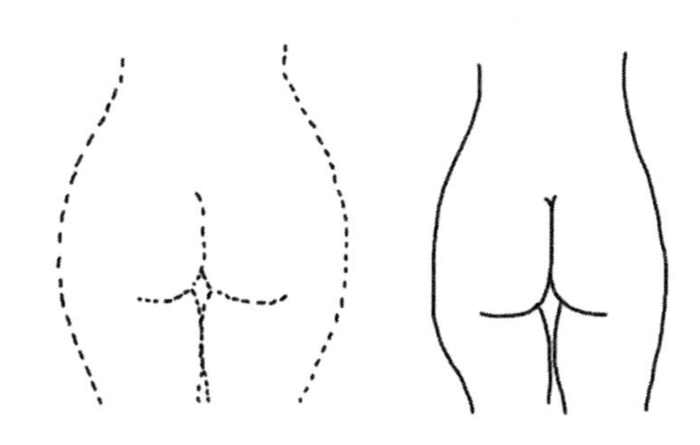

3. 小而松弛的臀部

特征：腰臀比例与标准相同，侧面看起来高点略显下垂。

对策：这种臀型说明你比较懒散。为了塑造更加完美的臀形，你要做到能坐着就不躺着，能站着就不坐着，多运动一下会更好。

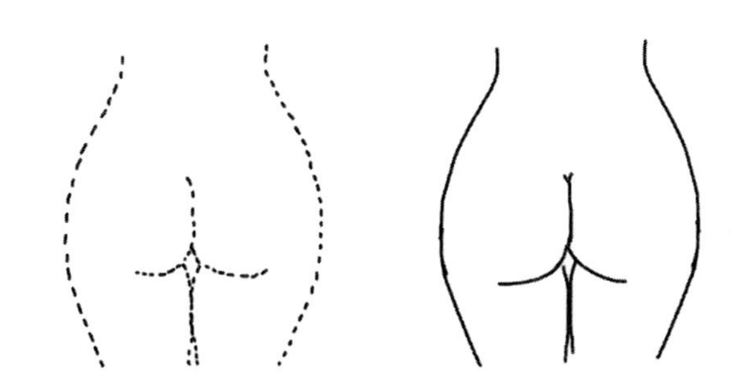

4. 大而松弛的臀部

特征：腰部尺寸接近标准，臀部和大腿的尺寸过大，臀型大且下垂。

对策：脂肪也会堆积在腰部，整个下半身也就会走样，多做一些抬臀运动会有利于塑造更好的臀型。

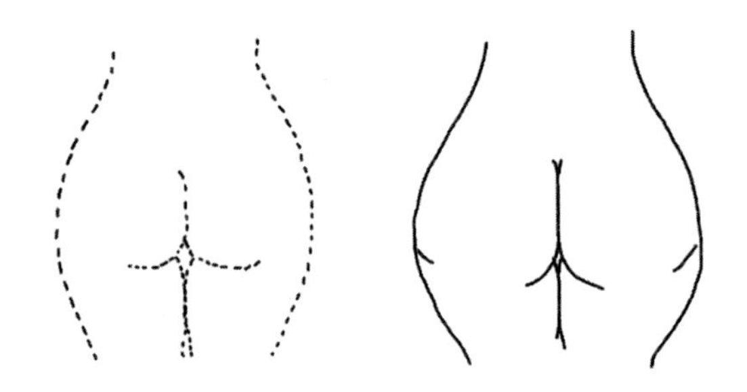

除了以上分类，也有按臀部脂肪堆积情况来分的，比如整个臀部脂肪分布均匀、适中属于标准型；臀部的脂肪在腰部分布过多，使腰和臀的曲线变小、变直，成桶状被称为桶腰型；臀部四周的脂肪向大转子部位堆积，称为马裤形；臀部脂肪在臀裂两端，臀部向后伸展称为后伸型。无论是哪种臀型，通过合理的塑造都可以得到改变，所以不必太在意自己的臀型，行动起来才是最重要的。

日常三细节，决定你的臀线美

我们的身体就好比一台机器，由各个零件连接成一个整体，一旦某个部件出现问题，整个身体都会受到影响。同理，下半身肥胖、臀部松弛下垂，也会影响整个身形的曲线。臀部的肥胖与日常生活中不良的姿势存在很大关系，一些错误的姿势极易影响臀线美。

1．不良坐姿

坐，是非常影响健康的，尤其是对久坐一族。坐不好，不仅背部体型受影响，臀部也会随着时间的增长而变形。比如软绵绵的斜坐在椅子上，会使压力集中在脊椎尾端，导致血液循环不畅，造成脂肪堆积。另外，只坐椅子前端1／3处，会造成身体的重量集中在臀部的位置，长时间下来臀部也容易变形。最好的办法就是不要久坐，隔一段时间起来活动并保持正确的坐姿。

2. 不良站姿

除了久坐外，站太久一样会影响臀部的曲线，因为长时间站立，血液不易从脚端回流，会造成臀部供氧量不足，新陈代谢不畅，同时还可能会让你的腿产生静脉曲张。单腿站立或是倚靠站立是一种不好的站姿。单腿站立会导致左右腿长度不一，站立时的腿形也不好看，单腿站立时，承受重量的那只脚同侧的骨盆会上升，另一侧则下降。

3. 不良卧姿

影响臀部线条还有不正确的卧姿，比如长时间趴卧，同样会破坏身体的美感，甚至伤害身体的健康。另外，躺下时，双脚交叉也是极其不好的一种卧姿。

虽然很多人知道这些姿势对臀型存在影响，但矫正是一件需要耐心和毅力的事情，你可以告诉身边的家人或朋友，让他们监督你，在姿势不正确的时候给予提醒，渐渐养成习惯后就更容易调整了。

除了以上这些不良的姿势外，臀部肥胖还与高热量、高甜度、口味重的饮食习惯息息相关。所以，要想保持臀部美还必须改变生活习惯，才能从根本上解决下半身肥胖问题。

臀部是女性曲线美的体现

胸部、腰部和臀部构成了女性身体的曲线美，很多女性只注重胸部和腰部的锻炼而忽略了臀部。其实，臀部在女性曲线美中也是不容忽视的。拥有一个圆翘丰满的臀部不仅能使你的形体更富魅力，而且可以留下美丽的倩影。

人体最优美的线条是腰身到臀部的曲线，胸、腰和臀共同构成了“S”形曲线，拥有这种曲线的女性往往被认为是最迷人的。最早认识到女性臀部曲线美的是古希腊人，希腊人把审美的焦点集中在女性隆起而富有弹性的双乳、丰满而浑圆的臀部、柔软的腰肢、娇艳的面容和光泽的肌肤乃至整个和谐匀称的身体。

或许大家都看过“米洛斯的维纳斯”，这尊断臂的雕像是按照当时自由与美的女神阿佛洛狄特两姐妹的样子塑造的，这两姐妹都因为她们富于魅力的臀部而闻名于整个希腊，被称为“不可诠释的维纳斯”，可见臀部美的魅力。

然而，由于东方人的特征，中国女性的臀部大都较为扁平，“S”形的曲线不够明显，因此塑造臀部曲线更为重要。

臀部的曲线主要体现在臀部的形状和臀部弧线的圆滑度，圆是最完美的曲线，比如古代的太极就是圆的，人们把最满意的结果称作“圆满”。因此，臀部的形状要以浑圆为美，腰肢纤细，臀部形成一对弧形半球状，半圆、稍上翘，富有弹性，这样的臀部才是最美和最富有吸引力的，可以说，臀部曲线是女性美的体现。

臀部大，益处多

臀部是一个人最性感的部位之一，拥有一个圆润丰满的翘臀，它所带来的好处恐怕是你想象不到的。如果你单纯地认为只是能够吸引异性，这样的想法未免有些狭隘。事实上这只是一方面，但它还有其他作用。

1. 臀部大的女性更健康

女性怀孕之后，变胖是在所难免的，大多数女性一生产完就迫不及待要甩掉身上一圈一圈的肥肉，尤其是大腿和屁股，这些最难消的部位，更是让刚生产完的女性头痛。其实大可不必，丹麦最新研究显示，拥有宽臀部，比起窄臀部的女性健康得多，因为臀部的脂肪，存有抗发炎的激素，能帮助体内调节葡萄糖，以及对抗糖尿病和心脏病。

2. 臀部大的女性智商高

美国心理学家史特纳斯的研究发现，臀部大小与人的智商成正比，人的臀部愈大，智商愈高。心理学家史特纳斯同时指出，埃及艳后、拿破仑、圣女贞德、美国国父华盛顿等历史伟人都是臀部特别大的“宽臀族”。

这项为期五年的研究发现，在276名成年人参加的智力测验中，有152人臀部较大。这些“宽臀族”平均得分为137分，比臀部尺寸无甚出奇者得到的106分高出31分。他指出，臀部宽阔的人在各方面都比一般人聪敏。

史特斯纳在出版的新书《臀部愈发达，头脑愈精明》中指出，“宽臀族”可能没有身材苗条的美女性感诱人，但是如果必须做选择，他宁愿选头脑而舍外貌。他表示，“宽臀族”不应为臀部宽大而自惭形秽，反而应该为这种体型感到高兴。

3. 臀部大小决定性能力

对于男性来说，没有什么比女性的浑圆臀部更令人陶醉了。同样，女性对此问题的看法也大体相同。绝大部分女性承认，最吸引她们目光的始终是男性的臀部，而且无论男人如何吹嘘，臀部的吸引力仍远远大于其他。外形好看、臀部肌肉发达的男人在床第之间更强势且更耐久，这个原理同样适合女性。

小小动作，练就性感美臀

撑地提臀法，练出蜜桃臀

试想想，本来纤瘦的身材，如果配上了一个大号的臀部，对整体形象的破坏不言而喻。

你或许会说，日常生活这么忙碌，哪里还有时间照顾到臀部？但其实，只要你多注意日常生活中的细节，就可以在生活中，一边处理日常事务，一边轻轻松松地收紧臀部肌肉，可谓省时又高效，让你轻松拥有性感美臀。

大多数人的臀部或多或少都存在缺陷，比较常见的是下垂臀、后凸臀、扁平臀，并且随着年龄的增长，女性普遍会出现臀部下垂的问题。但是，年龄增长并不是导致臀部下垂的关键原因，最主要的原因还是臀部肌肉松弛，不能够完全支撑起臀部脂肪造成的。

如何解决这些恼人的臀部问题呢？通过节食减肥是不全面的，也不科学。只有通过运动，锻炼松弛的臀部肌肉，使其有足够的力量去支撑臀部脂肪，才能达到提升臀部线条的作用。下面这招撑地提臀法，能很好地紧实臀大肌，使臀部线条更挺翘，从而塑造出蜜桃般的漂亮美臀。

操作：（1）吸气时，跪坐姿，上半身背部打直，脚尖向后绷直，臀部自然地坐在双腿小腿上，两手自然地垂于身体两侧。

（2）吐气时，上半身往后倾斜，双手向后撑地，手掌踮地，指尖朝臀部方向。保持耳朵、肩膀、手肘、手腕成一条直线。如果不能完全做到标准姿势，手肘也可以稍微弯曲。

（3）吸气时，以腹部和后腰的力量将臀部向上提起，呼吸平稳，臀部向内夹紧，保持肩膀、胯部、膝盖在同一条直线上。

（4）吐气时，缓缓放下臀部，回到步骤（2）的姿势，重复练习一次。

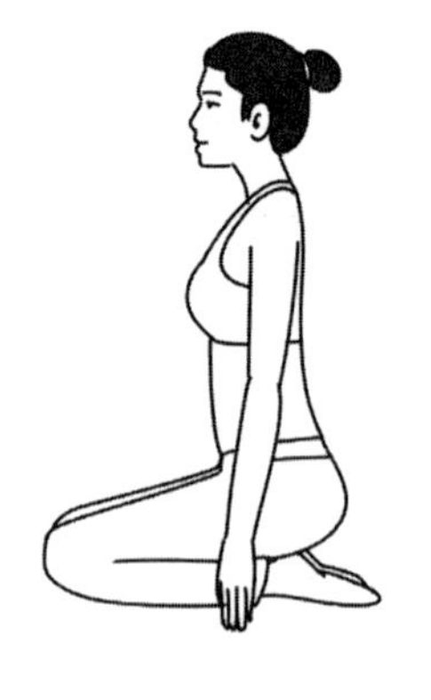

要领：整套动作重复10次，在练习的过程中要注意臀部夹紧的程度，而不是臀部抬起的高度；提臀时，保持背部打直，并不是单纯地将肚子挺起来，胸部、肚子和臀部要一起整体往上提。

拉伸臀部，紧实松弛的下垂臀

忙碌的生活使人身心劳累，停下来之后也懒于运动，只想多吃食物补充身体热量。如此一来，原本臀型就不完美，如果再大量摄入热量，臀部的下垂、松弛就会伴随而来。

有什么办法能够练就紧实翘臀，保证好身材呢？这里推荐大家做一些臀部拉伸小动作，只要持久地坚持下去，就能通过收紧扩散的骨盆动作，塑造圆润翘臀。

操作：（1）平躺在瑜伽垫上，双腿并拢弯曲，撑起双膝，脚尖往前，双手自然伸展放在垫子上。

（2）臀部紧贴于垫上，向身体两侧分开两膝，两脚掌掌心相贴，保持下半身呈菱形，收臀5秒钟恢复到上一个姿势。

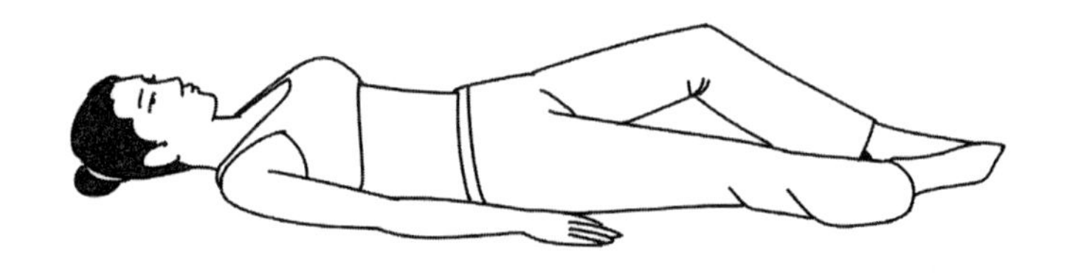

（3）将两臂向上放置于垫上，让两臂与肩膀在同一水平线上，双手手掌心紧贴地垫，缓慢放下右腿，脚尖绷直，右腿保持不动。

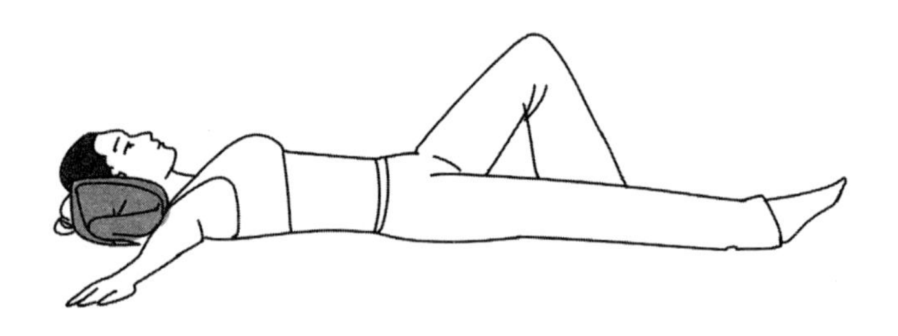

（4）左腿越过右腿，最大限度地向右翻折，用右手按住左膝盖，以最大力气尽量扭转身体，保持这个姿势5秒钟。换另一条腿重复这个动作。

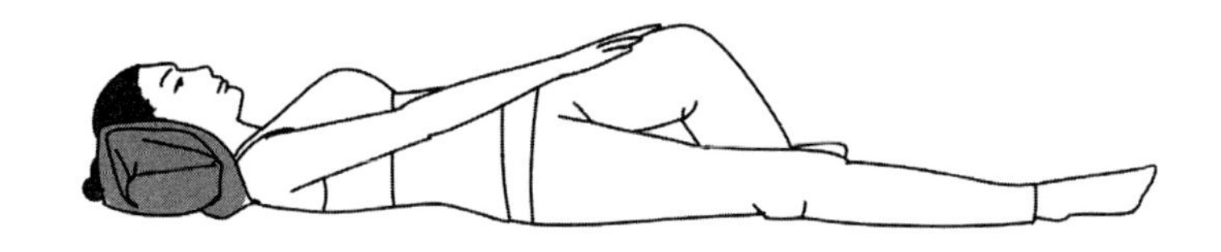

要领：在做第二个步骤的时候，你也可以尝试用双手支撑地面，使胯部不要左右晃动；翻折腿部动作时保持两肩放松，不要从垫上抬起；颈椎不太舒服、比较僵硬的人，可在颈下垫一个小枕头辅助完成动作。

美臀小动作，甩掉陈年肥臀

30岁是女人的一个分水岭，过了这个岁数，各项机能便开始下降，臀部松垮自然是不能幸免的。

事实上，很多女性正为臀部变松垮，下垂而苦恼不已，臀部作为全身比较结实的肌肉，只要适当锻炼，就能保持它们应有的弹性。下面这组提臀练习，就能很好地增强臀部肌力，消除腿部浮肿，甩掉大腿和臀部赘肉。

操作：（1）双手叉腰站立，身体保持直立，双脚并拢，注意挺背打直，小腹收起。

（2）右大腿抬起与骨盆同高度，大腿与小腿成90度，脚尖绷直，身体不要左右晃动。

（3）以膝盖带动脚步动作，空中的右大腿平行向身体右侧移动，身体重心在左侧。

（4）右大腿带回身体正前方，放下脚回到步骤（2）的姿势。

（5）换左脚重复一次，保持大腿和小腿成90度。

要领：刚开始练习的时候，不用勉强把腿抬到指定高度，最重要的是在做动作时维持身体的平衡；

在腿部的移动过程中，保持重心，稳定住膝盖的平行移动轨迹，不要忽上忽下；

身体比较僵硬的人，不必将大腿抬离地面，踮起脚尖即可，以膝盖带动正面与侧面的提腿旋转动作。

日常小动作打造美臀

下半身肥胖是令东方女性比较烦恼的身材问题，因为和欧美女性的臀部比起来，我们臀部曲线的风景真是让人黯然失色。

其实，要想改变这种状况也并非不可能，只是我们需要比别人更努力罢了。除了针对性地进行训练外，也不要放过日常的一些小运动。

1. 爬楼梯

爬楼梯，是既简单又省钱的运动，唯一的缺点就是累。所以，现在几乎没有人喜欢爬楼梯，也因为每栋办公大楼几乎都有电梯，乘电梯已经成了习惯。

其实，爬楼梯有很多好处，它可以消耗卡路里，从而达到减肥的作用。另外，爬楼梯时每次踏两个阶梯，还可以带动大腿及臀部肌肉群，紧实臀部。

2. 推墙

在午休时间或者在家的时候，可以做下这个双手推墙的动作。

这个动作比较简单，具体做法为：双腿并拢，双手撑在墙上，腿打直，臀部先向外伸展10秒钟，接着再朝墙靠近10秒钟，重复做。

经常做这个动作，不仅可以塑造臀部曲线，还有收腹的效果，小腹会慢慢变平。

3. 下蹲

下蹲也是一个锻炼臀部的好方法，日常空闲时间可以做。

具体做法为：双脚张开与肩同宽，踩住弹力绳，双手再握住绳子放在肩上，臀部往下蹲，使大腿与小腿间约呈90度，静止动作维持10秒钟后，再站直。如果没有弹力绳，也可以徒手进行。

4. 后甩腿

找把椅子，扶着椅背，一只脚站直，另一只脚在空中向后甩，停顿1～2秒钟，再放下，动作重复10次，接着换另一只脚再做。

这些小运动简便易行，没有太多场地和时间限制，几分钟就搞定。你也可以把它们当作久坐后的伸展运动，让它们成为你生活中的习惯，久而久之，就会在不知不觉间塑造出你的美臀。

踢踢腿，臀部线条更美丽

或许你没有太多时间和精力去健身房瘦身，但看到自己肥大的臀部又苦恼不已，难道就没有不用花钱也不费时间、随时随地都能做的减肥运动吗？当然有了，原地踢腿法对臀部的塑造就很有效果，坚持运动，不但能消除腿部肿胀，还能给你一个漂亮的臀部。

1．侧踢腿

（1）站立，两脚分开同肩宽，双手自然下垂，抬起右膝至肚脐高度。

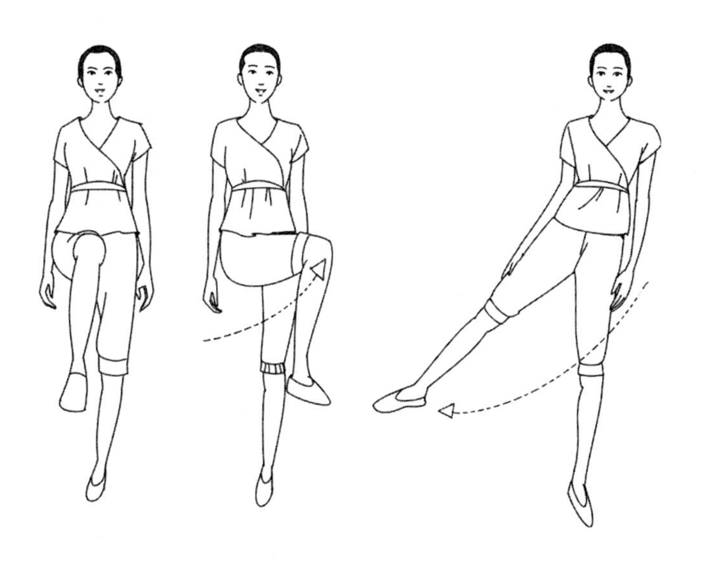

（2）逆时针翻转腿部，使腿内侧向下。

（3）右脚跟向右侧踢出，保持2秒钟。重复动作10次，然后换左腿练习。

2. 后踢腿

（1）站立，两脚分开同肩宽，双手自然下垂。身体微微前倾，左脚跟向后踢出。踢的同时，转头向左后方看，保持2秒钟。

（2）左腿弯曲，抬起至腰腹高度，再后踢10次，然后换右腿重复上述动作。

3. 斜踢腿

（1）站立，两脚分开与肩同宽，双手自然下垂。右脚跟向斜后方踢出，踢时腿部微微向外翻转，保持2秒钟。

（2）将右腿弯曲，抬起至腰腹高度，再侧踢10次，然后换左腿重复上述动作。

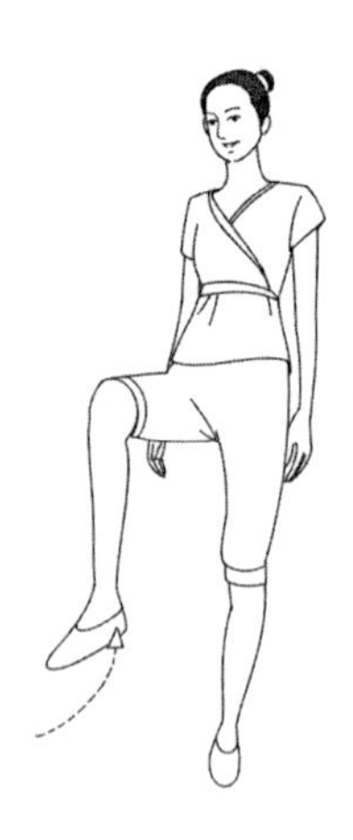

以上几组动作都是单腿站立，所以，练习的时候很考验平衡感，刚开始的时候，踢的力度不要太大，重在保持重心平衡，站立要稳，上身保持直立，不要晃动。在稳的基础上，增加踢的力度和快慢。

跳跳绳，有效消除臀部脂肪

千万不要以为跳绳只是小孩子玩的游戏，事实上，很多减肥女性，甚至是健身人士都比较喜欢跳绳，因为跳绳能很好运动全身肌肉，消除臀部脂肪，其优点也众多。

首先，跳绳简单易行，花样繁多，可简可繁，随时可以进行。特别适宜在气温较低的季节作为健身运动，对女性更加适宜。从运动量来说，持续跳绳10分钟，与慢跑30分钟或跳健身舞20分钟消耗的热量差不多，是耗时少、耗能大的有氧运动，对于塑造身材效果显著。

其次，锻炼全面，尤其是使呼吸系统、心血管系统得到充分的锻炼。跳绳能增强人体心血管、呼吸和神经系统的功能。研究证实，跳绳可以预防诸如糖尿病、关节炎、肥胖症、骨质疏松、肌肉萎缩、高血脂、失眠症、抑郁症等多种病症。跳绳还有放松情绪的积极作用，因而有利于女性的心理健康。

最后，也是非常重要的一点是，跳绳可以消除臀和大腿部的多余脂肪。刚开始进行练习，推荐原地跳1分钟，3天后即可连续跳3分钟，半月后可连续跳上10分钟，半年后每天可实行“系列跳”，如每次连跳3分钟，做5次，直到连续跳上30分钟。一次跳30分钟，就相当于慢跑90分钟的运动量，已是标准的有氧健身运动。

跳绳是一种运动量较大的活动，练习前一定要做好身体各部位的准备活动，特别是足踝、手腕和肩关节、肘关节一定要活动开。开始时慢速，随着坚持时间的增长，可以逐渐提高跳绳的速度。慢速保持在平均每分钟跳60~70次，较快的速度保持在平均每分钟140~160次。

另外，减肥人士跳绳宜采用双脚同时起落的方式。同时，上跃也不要太高，以免关节因过于负重而受伤。最好选择在软硬适中的草坪、木质地板和泥土地的场地进行，切莫在硬性水泥地上跳绳，以免损伤关节，并易引起头晕。

简单小跨步，消除后臀肉

很多时候，不经意间你会发现臀部与大腿连接部位长了一堆肉，这些多余的脂肪堆积在臀部下方，臃肿难看。于是，你迫切地想让这些后臀肉消失，怎奈无从下手。这里告诉你一个简单的小跨步，就能让美腿和提臀一起锻炼，臀部下方的肉肉消失了，大腿也会变纤细，这个小动作能强化臀大肌和腿部肌肉，消除后臀肉，紧实体侧，从副乳到腰腿外侧肥肉，都可以起到很好的塑形作用，让你拥有又翘又挺的美臀，走起路来都会格外自信。

操作：（1）双脚并拢，膝盖、脚跟相贴，脚尖向外打开，臀部收紧，双手叉腰，背部自然挺直不驼背，正视前方。

（2）吸气，上半身向右转，右腿向右前方伸直，双手叉腰不变，伸腿时，膝盖保持外开角度，脚尖下压踮地。

（3）吐气，先回到第一步的准备姿势，再吸气，接着上半身向左边转，右腿同时向右后方伸直。伸腿时，膝盖保持外开角度，脚尖下压踮地。

（4）加入双臂的伸展动作，每次将小腿向前抬、向后抬时，加入手臂的延展动作，力道从背肌出发，由身体两侧向上举起。

要领：练习时，由于个人肢体柔韧度存在差异，脚尖打开的程度可视个人的能力而定，比照自己胯部打开的幅度即可。抬腿时，胯部要固定，不要左右晃动。

十分钟，轻松练出翘臀

每一位女性都希望自己拥有完美的“S”形身材，而“S”形的身材必须要有挺胸和翘臀。

胸部的大小大多是先天因素决定的，要想改变有一定的难度，而完美的翘臀则可以通过锻炼获得。如果你不是天生丽质，但又希望拥有美丽的臀型，不妨通过运动来塑造美臀吧。

1. 屁股走路法

对于有着与小身板不太相称的大臀部的女性来说，是一个难以掩盖的身材缺陷。如何与这种不完美的体型说“再见”呢？你还记得蜡笔小新是怎么走路的吗？

具体做法为：坐在地上，双脚微微抬起，利用屁股使身体前进。

这种锻炼姿势可以收缩臀部肌肉，强化腰力及腿力，尤其能有效消除大腿两侧的赘肉，塑造有弧度的美臀，臀部不够翘的女性不妨试试这种走路法。

2. 拱桥翘臀法

一般来说，天生骨盆大的女性都会对自己的臀部不太满意。此时，除了坚持锻炼塑形外，似乎没有更好的方法了。这里为大家介绍一个简单的拱桥翘臀法，这个运动非常适合在床上做，可以省去跑健身房的时间。

具体做法为：平躺在床上，双脚弯曲后将臀部向上提起后放下，重复约10次，要保持上身轻松，且背脊在舒展的时候要伸得够直。

你可以一边听舒缓的音乐一边做这个运动，一套动作可以重复3次，持续半个小时左右。经常做这个动作，不仅能美化臀部，还能锻炼背肌，令整体的背部线条变得更美。

另外，在睡前做这个运动，还能达到助眠效果，特别适合工作压力大的女性。

3. 金鸡独立法

对于上班族肥胖女性来说，由于经常坐着工作，又缺乏运动，下半身很容易成为肥肉的重灾区，即使疯狂节食也于事无补。要想告别这种状况，平常在家就要多做健身运动，比如臀部夹笔，或前后左右摆动腰臀。另外，你也可以进行金鸡独立翘臀运动。

具体做法为：扶着椅背，一条腿站直，另一条腿向后伸展，保持高位数秒钟后再放下，动作可重复10次，接着换另一条腿以同样的动作进行练习。

注意伸展的时候，呼吸要均匀，尽量加大活动量，以便使臀部肌肉能够承担足够的负荷，腿要尽量抬高一些。如果没有椅子，双手弯腰扶墙也一样可以进行。

四招普拉提，打造性感翘臀

提起普拉提，可能很多人马上会想起它神奇的塑身保健功效，以及时尚气息。也有很多人分不清普拉提和瑜伽到底有什么不同。说实话，两者看上去很相似，从功能上来看，普拉提对肢体、肌肉和力量效果更好，瑜伽对精气神和内在更好。由此可见，普拉提是比较适合用来训练臀部的运动。想打造翘臀的女性朋友，可以练习下面4组普拉提运动。

1. 桥式支撑

（1）仰卧地面上，双脚分开与肩同宽，收紧臀部，伸直手臂，手指尖尽量触及足跟。

（2）呼气的同时，抬升骨盆到力所能及的位置。

（3）吸气的同时，由胸椎开始下落，重复这组动作10次。

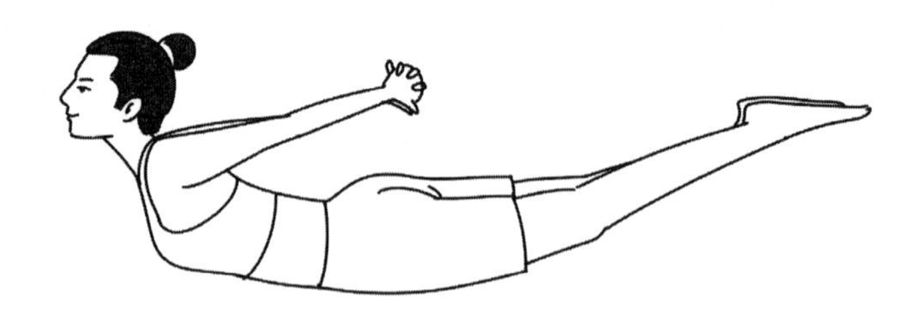

2. 俯卧分足

（1）取俯卧位，双手放于前额下方，双腿伸直并拢。

（2）保持直腿抬离地面约10厘米，脚尖尽量外展。

（3）足跟快速小范围开合30次。

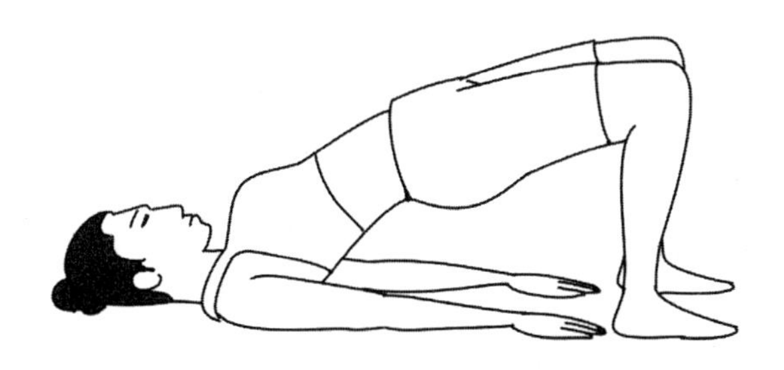

3. 双脚并举

（1）取俯卧位，下巴抵住垫子，双腿伸直并拢，十指相扣放于腰际，掌心向上。

（2）吸气的同时，抬头并伸展手臂，胸部离开地面，伸展双腿，脚背贴地。

（3）呼气的同时，下巴触地，足跟踢向臀部，脚底向上。

（4）吸气的同时，抬头，伸展手臂，胸部离开地面。同时双脚飞离地面，双膝挺直。呼气的同时，身体放松回落。

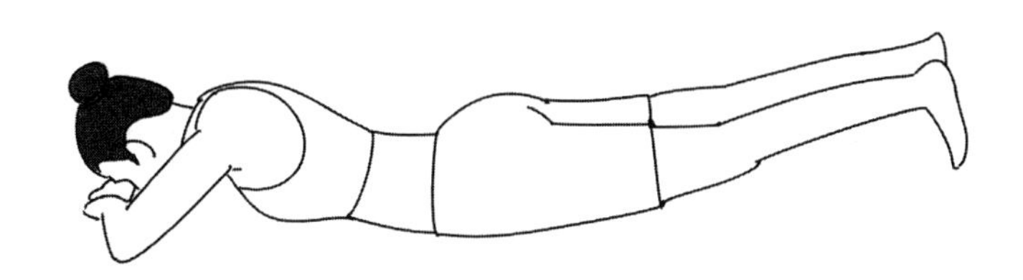

4. 骨盆倾斜

（1）仰躺于地上，脚分开与肩同宽，双手指尖触及脚跟，吸气。

（2）呼气的同时，上推肚脐，使髋部伸展到极限。

（3）吸气，维持不动。呼气的同时，由胸椎下落至尾椎。还原落地，重复这组动作8次。

经常做这几组普拉提动作，能很好地紧实臀部肌肉。另外，这几组动作对于长时间久坐导致的浑身疲劳酸痛感，也有很好的缓解作用，可以帮助你加强锻炼关节，减少酸痛。练习的时候尽量穿宽松舒适的运动服，更有助于肌肉的韧性拉伸。

塑造魅力臀部：按摩、饮食、穿衣法

穴位按摩，给臀部增添魅力

按摩是美容养颜常用的手法，中医认为，串联穴道之经络，内连脏腑、外络肢节。也就是说任何一条经络淤堵不通，都会影响脏腑机能的运作；反之，五脏六腑的病变或机能低下，也会导致经络堵塞。

臀部有众多的经络贯穿，而且穴位比较多，经常久坐容易导致经络气血不通，脂肪淤积，影响臀部的美感。所以，经常按摩臀部的穴位对塑造臀型有很大帮助，比如通过指压的方式来美化臀线，我们可以常按压以下穴位。

1. 八髎穴

八髎穴包括上髎、次髎、中髎和下髎，左右共8个穴位，分别在第一、二、三、四骶后孔中，合称“八髎穴”，按摩八髎穴对于大而扁的臀部非常有效。

八髎穴位于臀部，自我按摩不便操作，最好是有人协助。按摩时以双手拇指指力缓缓下推，停3秒钟后放松，每个穴位按摩3～5分钟。注意指压的力度必须达到酸、麻、涨、痛、热的感觉，才会有效果。

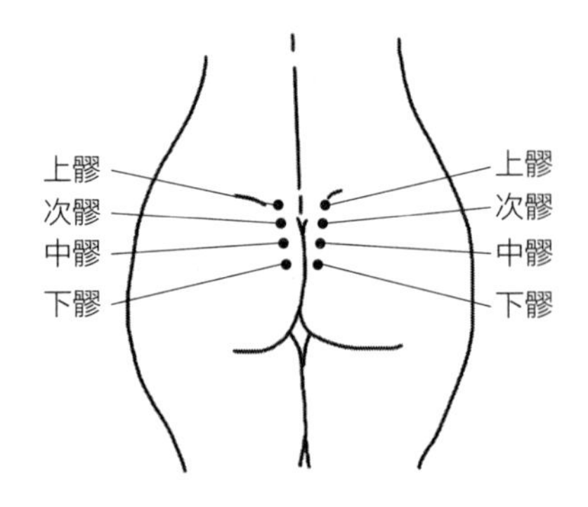

2. 环跳穴

环跳穴，又称环谷穴、枢中穴。“环”为圆形、环曲；“跳”，跳跃；主下肢动作，指下肢屈膝屈髋环曲跳跃时，足跟可触及此穴，故此得名。位于股外侧部，侧卧屈股，当股骨大转子最凸点与骶骨裂孔的连线的外1/3与中1/3交点处。

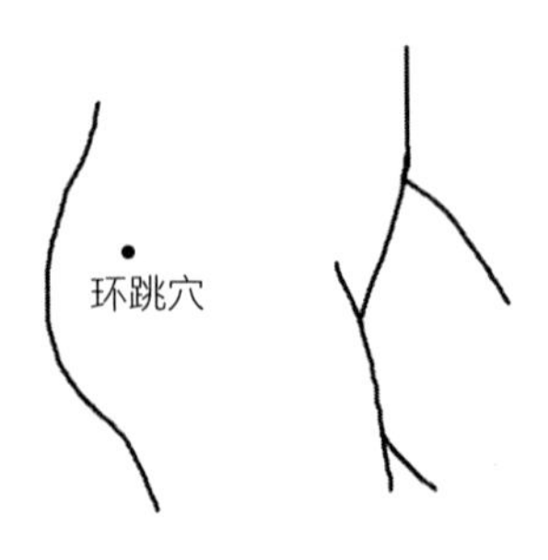

环跳穴对于紧实臀部肌肉有很好的效果，按摩时可以用指力按压或者两手握拳，手心向内，两拳同时捶打两侧环跳，都能起到畅通气血，紧实臀部肌肉的效果。

3. 承扶穴

承扶穴位于臀部横纹线的中央下方，主导生殖器官的神经从此处经过，是性感带最为密集的地方。臀部下垂的女性，可以通过按摩承扶穴来改善，此穴两腿各一个，位于大腿后面，臀下横纹的中点。

按摩承扶穴可以疏通经络，刺激大臀肌肉收缩，指压5分钟就有轻微抬高臀部的感觉，要注意的是指压承扶穴时要分两段出力，首先垂直压在穴道上，接着指力往上，同时指压的时候可以用力些，才能充分达到提臀的效果。

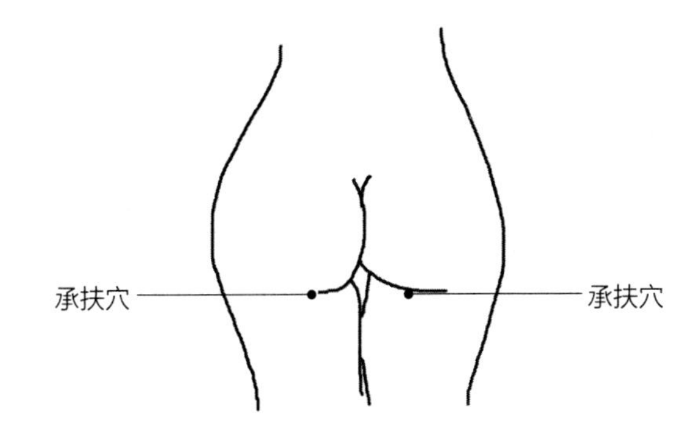

除了以上这三个穴位之外，刺激涌泉穴对臀部也有一定的好处，比如踮脚尖走路，采取放松脚踝的踮脚尖走路法，可以刺激脚底的涌泉穴，涌泉穴关系到肾功能与雌激素的分泌，对女性第二性征完整发育相当有帮助，刚开始练习时可做5分钟，随着训练时间的累积，每

次坚持做15分钟为佳。

臀部按摩，紧实臀大肌

我们经常做脸部按摩，目的是让皮肤看上去充满弹性，有光泽。其实，臀部一样需要按摩，因为臀部是最容易出现橘皮组织的地方，再加上海绵组织的累积以及地心引力，臀部很容易松弛下垂。如果你想让臀部保持紧实有形，除了经常运动外，适当按摩臀部也是必不可少的，以下方法值得一试。

臀部按摩法一

（1）洗完澡后，俯卧在床上，臀部涂上适量的按摩油，用手指轻轻按压臀部外侧凹陷处，也可以握拳轻轻捶打臀部，再向外捶到大腿，持续3～5分钟即可。

（2）用手指沿着臀部曲线由下而上、由内而外地轻压按摩，持续5分钟以上为佳。

如果你觉得这种方法比较麻烦，一个人不好操作的话，你也可以试着用下面的按摩方法，只要持之以恒，同样能达到不错的效果。

臀部按摩法二

（1）将手掌掌心贴在臀部，然后两只手向上提拉臀部，做上提臀部的按摩动作，时间3～5分钟为佳。

（2）两只手分别抓住一侧的臀部，向外抓，时间3～5分钟为佳。如果一只手抓不住，可以两只手同抓一侧臀部，然后再抓另一侧进行练习。

以上两种按摩方法最好是在洗完澡后进行，因为洗澡后全身的血液循环会比平常顺畅很多，这时按摩效果会更好。如果有条件，按摩的时候还可由别人协助，这样会方便很多。

科学饮食，吃出丰满臀部

丰满圆润的臀部不仅仅是要通过按摩、保健操等运动来塑形，饮食也是不可缺少的。我们知道，肥胖都是由于饮食不科学导致的脂肪堆积，再加上体内的毒素，使臀部肥胖成为一种顽疾。那么，如何才能“吃”出美丽的臀型呢？

营养专家指出，首先必须减少动物性脂肪的摄取。因为食用过多的红肉、奶油或乳酪，不仅容易使血液呈酸性，产生疲劳感，也容易导致脂肪囤积下半身，造成臀部下垂。最科学的饮食是以大豆类原植物性蛋白质，或是热量低且营养丰富的海鲜为主食。

其次，多摄取富含纤维素的蔬菜也很重要，丰富的膳食纤维可以促进胃肠蠕动，减少便秘的产生，肠道通畅，毒素排出，才能创造纤瘦且健美的下半身。

再者，要科学的选择营养素。许多女性都有上半身纤瘦但下半身臃肿的困扰，这有可能是日常饮食中钾元素摄取不足导致的，因为足量的钾可以促进细胞新陈代谢，顺利排泄毒素与废物。当钾摄取不足时，细胞代谢会产生障碍，使淋巴循环减慢，细胞排泄废物越来越困难；加上地心引力影响，囤积在体内的水分与废物在下半身累积，就会造成臃肿的臀部。

解决这个问题其实并不难，只要饮食减少钠与增加钾的摄取就可以了。我们知道，过量的钠会妨碍钾的吸收，所以必须少吃太咸与太辣的食物。钾的补充应以青菜、水果为主，糙米饭、全麦面包，豆类与花椰菜，这些食物含有大量的钾元素，有助于排除体内多余水分，让下半身更窈窕。

有句话说得好："想翘尾底骨，必腰劲肾强。"所以，美臀饮食还少不了补肾食材，比如杜仲、黄芪、黄精、芡实、肉桂、鹿茸、玉竹、冬虫夏草、鲍鱼、核桃仁、乌鸡、栗子、鸭肉、海参等。平时也可以适当地进补这些食物，比如以下两道补肾美臀的美食就很不错。

1. 鲍鱼肉片汤

食材：鲍鱼罐头1盒，猪肉 100克，葱、盐各适量。

做法：鲍鱼切片，猪肉洗净切片。葱去老叶、头须，洗净切段儿。把鲍鱼和猪肉放进炖锅内，另挑葱白部分先加入，取3碗水兑鲍鱼罐头的汤汁，以大火烧开后，用文火慢炖约30分钟，加入葱段儿，加盐调味，继续炖5分钟即可。

2. 鹿杞炖鸡汤

食材：鹿茸15克，枸杞10克，鸡腿200克，生姜3片，盐、料酒各适量。

做法：鹿茸和枸杞以清水冲洗干净，鸡腿洗净剁块，汆烫，捞起再冲净。将所有材料放进炖盅内，加5碗水，炖盅口以保鲜膜封紧，隔水蒸约1小时。掀开保鲜膜加盐调味，并洒上料酒即成。

不过，千万不要长期进行滋补哦！另外，尽量以玉米油、橄榄油和葵花油取代动物性脂肪，它们均含有大量不饱和脂肪酸，能让你兼顾美丽与健康。平时多吃鱼，鱼的热量比肉类低，含有更丰富的蛋白质、矿物质、维生素等，可以促进新陈代谢与体内脂肪的消耗；多喝水也可以清除代谢废物，防止肿胀，一天喝水1～2升，以白开水为好。

塑身裤，给臀部线条加分

女性肥胖的烦恼不仅仅是水桶腰、大象腿，肥大的臀部也同样是“心腹大患”。或许你会说，臀大不是好事吗？的确，臀大如果不翘就不美观了。所以，针对这些问题，我们可以借助塑身产品来打造优美的臀部曲线。

臀部肥大、下垂，就会十分难看。如果仅仅依靠穿着普通内裤，臀型就会暴露无遗。而选择具有翘臀、收腹功能的优质塑身裤就不一样了，可以很轻松地帮你解决这个烦恼，轻松提拉臀部，让你拥有婀娜曲线。不过，塑身裤的选择也有讲究。

1. 春夏季节选轻型塑身裤

轻型塑身裤采用轻柔舒透的弹力面料，透气性、吸湿性好，可以把皮肤排出的汗液和污气散发出去，使皮肤保持干燥，并可调节体温，避免影响皮肤的新陈代谢，保持皮肤健康。春夏季节，天气炎热，穿轻型塑身裤有利于排汗透气，还能改善体型，减轻身体束缚感，使身材更加完美。

2. 秋冬季节选强压型塑身裤

秋冬适合选择强压型塑身裤，即用强性的弹力面料制造出功能性强的塑身裤，对下半身进行强力瘦腿和提臀。另外，这两个季节选择强压型塑身裤不仅可以加快血液循环，让代谢活动顺畅，有效地推动脂肪燃烧，更可以起到保暖的作用。

3. 扁平臀宜选骨盆调整塑身裤

臀部扁平的主要缺点在于腰部至臀部间的曲线缺少立体感，所以穿骨盆调整塑身裤才能使臀部看起来圆翘有型。此类塑身裤穿起来很舒服，还能将臀部原本下垂、往外扩的赘肉往上提拉，而且在关节、肌肉、韧带处的设计都很别出心裁，能把平时由于姿势不正确导致张开的骨盆好好地收紧并调整平衡，赘肉随之往后集中。

4. 下垂臀宜选高腰无痕塑身裤

臀部下垂的人，大腿的赘肉也会跟着松弛下垂，所以塑造臀型的时候，也要考虑到大腿的赘肉。最好是选择面料结实、支持力强的高腰无痕塑身裤。这种塑身裤的设计相当符合人体功能，表面树脂物料的印花与身体很贴合，高腰的设计能将腰腹周围的赘肉收紧，一直延伸到大腿中部，内侧的赘肉也能顺势往上提，效果显著。

5. 肥大臀宜选长型塑身裤

臀部肥大的人应选择裤裆较深的长型塑身裤，这样包住整个臀部，起到修饰腰线的作用。长型塑身裤能将整个臀部多余的赘肉集中往上提拉，使臀部的顶端比穿之前提高很多，可谓是“臀部的内衣”。穿上它，你的整个臀型就完全不一样了。

塑身裤能很好地塑造臀部曲线，当然，如果天天这么穿难免显得单调。除此之外，有些款式的牛仔裤也会特别强调臀部到大腿部位的剪裁，能够呈现托高臀部的效果，而且使双腿显得更修长。所以，除了穿塑身裤之外，也不妨多备几条有塑臀效果的牛仔裤。

利用障眼法，巧妙穿衣也瘦臀

女性都渴望有挺翘、圆润、结实的美臀，再加上弹性的触感与柔嫩的肤质，这样的臀部“杀伤力”可谓巨大。然而，现实总是让人不如意，有相当大一部分女性臀部存在各种问题。

一般来说，亚洲女性因为体型差异，臀部多数呈现扁平状，不像西方女性那样几乎人人拥有圆滚挺翘的外形。不过，只要你善用一些小技巧，对修饰美臀大有裨益，试试下面介绍的方法吧。

1. 穿后面有口袋的裤子

有些裤子后面有口袋设计，它除了装饰功能之外，还有助于遮盖臀部的缺陷，比如能增强臀部曲线，可以从侧面打造出臀部的轮廓曲线，适合臀部比较小而平的女性穿着。不过，口袋的位置千万不能过低，因为这样会挤压臀部，看起来显得松懈下垂，丧失了应有的美感。

2. 不要选择低腰牛仔裤

虽然低腰牛仔裤能让你的臀部变得格外妩媚性感，但前提是你得有个翘臀。如果你的臀部曲线本来就比较丰满，低腰牛仔裤就不适合你了，因为低腰牛仔裤会让你的臀形变短，让整个臀部变得格外凸显，显得过于死板。

3. 不要穿过于紧绷的裤子

很多女性为了显示苗条的长腿，喜欢穿修身型紧绷的裤子。其实，太紧的裤子会压制原本漂亮的臀形，让丰满有弹性的臀部受到束缚，变得又扁又平。另外，过于紧身的牛仔裤也不利于健康。

4. 不要穿宽松的裤子

有些女性为了追求舒适感，喜欢穿得很宽松。如果你的臀部过于肥大，宽松的裤子只会让臀部变得更夸张，就别说有什么线条感了。所以，想要选择宽松风格的裤子，最好选那种与自己臀部大小正合适的裤型，裤腿可以稍微宽松一些。

所谓“人靠衣裳马靠鞍”，以上这4招障眼法，爱美的女性不妨试试！只要利用好了，肥大的臀部就能立马显现出曲线，让你看上去更加完美。

梨形身材的瘦臀穿衣法

梨形身材又称A段身材，表现为窄小的肩部和小巧的胸围，圆鼓的腹部和丰满的臀部，腿部的曲线也较圆润，整体感觉就像上窄下宽的三角形。这类女性极容易长胖，而其脂肪总量也容易集中在下半身的臀部和腿部，如果你还没有减肥成功，那么，你就需要通过合适的打扮来装饰自己。

1. 让上半身着装转移视线

日常人们的视线习惯性地停留在腰部以上，所以对于下半身肥胖的人来说，可以通过上半身的着装来转移注意力，比如设计较为精致的上衣。

另外，有肩章的外套或者衬衫能够修饰窄小的肩线，用泡袖或者垫肩的结构来加强，能使上身和下身达到视觉上的均衡。

上衣的颜色最好选浅色，并选择鲜艳的图案或者颜色，腰部以上则可以用横条面料；腰带可以选择细带款式，既有收拢效果又不会将注意力转移到腰部。

梨形身材的女性除了分体装扮，还可以通过连衣裙来修饰体型，波西米亚风格的吊带长裙或者宽松塔裙搭配细腰带卡胯的系法，能够削弱腰和臀部丰满的特点。

2. 下半身着装的弱化处理

臀部比较肥胖的女性，腰部以下的着装就要弱化处理，减少外界对下半身的注意力。最好的方法就是选择鱼尾裙款式，它能够贴着臀部轻柔垂下、膝部以下满满展开，完美修饰臀部和大腿线条。裙摆的选择，则需要看腿型，最好的长度是到小腿以下，露出渐渐变细直到踝部的那段部位。色彩上尽量选择低调的、中性的颜色，不至于将焦点重新拉回到下身。

其次，合身的长裤也适合梨形的身材，不过要选择裤腰较低的，这样可以让臀部曲线不那么明显，下半身也不会过于沉重。笔直的裤缝也会起到修饰臀部线条的作用，一定要避免选择臀部有精致装饰袋的式样，容易将注意力转移到臀部；也要避免穿棉质裤子，柔软的材质容易紧贴皮肤，现出臀部原形。

臀型不佳，这样穿裤更有型

对身材苗条的女性而言，无论是穿什么样的服饰都很有型。但对那些体型不佳，特别是臀部曲线并不完美的女性来说，挑选穿着就很有讲究了。如何能让臀部曲线更完美呢？下面我们来看看几种臀型该怎么穿，或许对你有所帮助。

1. 臀部过大

臀部肥大的女性，如果选择过于窄小的裤子，很容易造成紧绷的现象，看上去像是要把臀部的肉挤出来似的，非常不雅观。

解决方案：（1）肥大的臀部，如果穿有弹性的长裤，就会使臀下围处产生皱纹，引人注目。因此臀部肥大的女性最好放弃穿这类裤子，唯一的办法就是穿着符合臀部大小的长裤，这样不但外形美观，感觉上也会舒适一些。

（2）解决臀部紧绷的问题最好是加大裤子尺寸，选择一件稍微宽松或没有弹性的合身裤子，让线条自然显露出来。这样的穿着会很舒适，也能呈现完美的臀型。

（3）合身的长裤能将臀部紧紧地包裹，但如果不注意内裤的选择，就有可能让你尴尬，因此选择适合的内裤，比如丁字内裤或平口裤，即便是紧身的长裤也不会露出内裤的痕迹。

2. 臀部过小

臀部太小的女性，穿上长裤后会感觉臀部过于宽松，也不平展，产生许多褶皱，甚至看上去连腿部都有缩短的感觉。

解决方案：臀部过小的女性并不太适合选择直筒裤和宽长裤。因为这类体型的人大多腰部较细，如果穿着臀部过于宽松的裤型，腰部不仅会产生许多褶皱，还会使腿部看起来更短，给人一种懒散的感觉。

3．臀部突出

有时候，你会发现裤子的前面会有牵吊的斜纹出现，这主要是因为过于突出的臀部，使裤子的前面较为紧绷导致的。

解决方案：（1）臀部过于突出的女性不宜穿直筒裤，腰围与臀围的尺寸是不同的，直筒裤的臀围是根据腰围尺寸制作的，容易造成臀围宽松不足。臀部较突出的人穿上直筒裤，裤裆前面就容易产生皱纹。

（2）臀部突出的女性不宜穿低腰的裤子，适合穿裤裆加深的裤子，这可以增加臀部的宽松，穿起来显得更有型。

▶第五章 瘦不瘦看腿，性感还属大长腿

美腿小运动，燃脂瘦腿见效快

变形的腿部是怎么来的

修长的大腿是大街小巷一道美丽的风景，如果你长着一双粗壮的大腿，恐怕就要大煞风景了。因此，要想拥有一双美腿，就要从生活小细节做起，改掉日常生活的不良习惯。那么，哪些因素会影响我们的腿型呢？

1. 久坐不动

久坐不动对上班族来说是一件很无奈的事，它带来的危害不仅仅是影响腿型，还损害健康。中医认为“久坐伤肉”。坐着的时候，双腿受到压迫，血液循环不畅。轻则赘肉增加、关节肿胀、静脉曲张以及深静脉血栓等问题，重则肌肉僵硬，疼痛麻木，所以久坐族要常站起来活动，每隔一两个小时起身做做伸展操是非常有好处的。

2. 不良坐姿

（1）跷二郎腿。这种坐姿容易造成骨盆倾斜，两腿交叠时更会压迫血液和淋巴液循环，而且臀部肌肉因为过度的拉长，时间过久会出现松弛、下垂现象。再加上跷腿会使大腿外侧连接臀部的骨头突出，脂肪易堆积于此，让臀部变得肥大。

（2）盘腿而坐。经常采用这种坐姿的人，骨盆上方容易往外扩张，而且坐时间久的话，影响腿部血液循环，会出现胀、麻的感觉。

（3）侧摆腿。是指坐着的时候，两腿膝盖紧靠，两腿向外摆，这种坐姿会使骨盆倾斜、腰椎侧弯，时间一长会造成腰椎关节与肌肉的损伤，而且扭曲的骨盆会影响骨盆腔的循环，影响下半身的循环系统，造成脂肪堆积。

3. 不良站姿

（1）重心在一侧。很多人喜欢单腿站立或者把重心集中在单条腿上，这种姿势容易导致骨盆因为承受倾斜的重力而往外扩张，腿部则承受身体所有重量，膝盖因此容易弯曲变形。

（2）两脚交叉。这个姿势如果持续不太久，不会有太大的影响，但是如果时间太久，而且将重心放在一侧时，骨盆就会倾斜，双腿也会弯曲变形，变得不直挺。

（3）膝盖往后弯。站立时膝盖绷得太紧，小腿便会往后弯曲，连带地使小腿肌肉呈现紧张状态而往两侧扩张，小腿肚便显得粗壮。

4. 穿鞋因素

一双合适的鞋子对腿的影响非常大，研究证明，高跟鞋和平底鞋对脚底的支撑是不正确的，会影响腿部肌肉的施力。经常穿高跟鞋的女性，小腿和膝盖容易往后弯曲，使脚踝变粗，脚趾变形；而平底鞋会造成足弓下沉，使腿变成“X”形。因此，要少穿高跟鞋和不支撑足弓的平底鞋。

如果你还在为变形的腿部而烦恼，不如看看自己是否存在上面这些问题。只有改变造成腿部变形的因素，你才有可能获得一双美腿。

久坐族的简单瘦腿操

在办公室久坐，很容易使腿部“发达”，粗壮的大腿让人烦恼不说，即便是通过装扮修饰一番也不是长久之计。尤其是各种时尚漂亮的短裙太有诱惑力，然而粗大的腿部却注定与短裙无缘。这个问题怎样解决呢？下面介的瘦腿操或许能改变这一切，让你随心所欲地穿上漂亮的短裙！

瘦腿操一

以立正的姿势站立，两手放于身体两侧，膝盖弯曲向下蹲，直到两手碰触脚趾。不要弯曲背部肌肉，只弯曲膝盖，再轻轻回到原来的姿势。保持这个动作3～5秒钟，开始练习的时候，以10秒钟做3次为目标，以后逐渐加快速度。

瘦腿操二

以立正的姿势站立，两手插在腰上，边数“1、2”，右脚边向前大跨一步。此时，左脚的脚后跟抬起来也无妨。数到3时，用力回到最先的姿势；数“1、2、3”，换一只脚再做一遍。开始练习的时候，以10秒钟做3次为目标，以后逐渐加快速度。

瘦腿操三

以立正的姿势站立，右脚伸直向右抬起，同时左手伸直向左抬起，注意身体的平衡，腿部要用力，轻轻回到原来的姿势，另一侧做同样的动作。开始练习的时候，不要急于求成，以10秒钟做5次为目标，以后逐渐加快速度。

瘦腿操四

以立正的姿势站立，两脚向左右各开30厘米，双手放在腿的两侧。以脚为轴心向右转90度，然后回到开头的姿势，再向左转90度。开始练习的时候，要注意大腿内外侧的肌肉，同时以2秒钟1次的速度扭转、回原位，目标是10秒钟内做5次。

这几套瘦腿操都比较简单方便，非常适合上班族在工作之余进行练习，既不耽误工作，又能很好地瘦腿，赶紧行动起来吧！

瘦腿，也可以靠“走”

走路和慢跑一样，属于比较柔和的运动，对腿部的作用是减脂肪多于增肌肉。我们每天都在走路，腿部相较于其他部位能得到更多的锻炼，有效的走路可以使肌肉变得结实、紧致，腿部的围度会减少，起到瘦腿的作用。所以，我们完全可以通过走路来塑造一双美腿，具体可以从下面的方法开始进行练习。

1．踮脚尖走路

走路的时候踮起脚尖，慢慢地往前走，步子不要迈得太大，保持重心的平稳，双腿要尽力绷直，这样才能有效地拉长腿部的肌肉。走的过程中，一定要绷紧臀部、大腿和小腿，脚后跟踮得越高效果越好。

2．边走边跳

就像小孩子走路一样，跳跃是一种充满乐趣、放松的运动。跳跃练习最大的好处就是让腿部的肌肉有放松，有收紧，可以塑造浑圆的腿部曲线。

3．蹦跳往前走

我们都练习过蛙跳，经常像小青蛙那样蹦跳，小腿肌肉能得到强有力的锻炼，而紧实的小腿就是性感的代名词。如果可以，尽量跳得远一些，再远一些。

4. 大步走路

平时我们走路都是小碎步，如果想更好地拉伸大腿，就将步子迈大一些，前腿弓，后腿尽量后伸，向后方用力，这样腿部的肌肉便受到足够的抻拉，从而塑造腿型。注意在迈大步的时候，脚掌一定要全部落在地面。

5. 倒着走

一般我们很少倒着走路，除了特殊的训练外。不过，时常倒着走对瘦腿也有一定好处。倒着走一开始会很不习惯，你可以将双手叉在腰上，然后腿部用力地向后踢，这样倒着走会舒服一些，尽量最大幅度地抻拉你的韧带。

6. 交叉扭行

这种走法类似于走猫步，两腿交叉着向前走，用左大腿内侧的肌肉压住右大腿，然后用右大腿内侧的肌肉压住左大腿，这样交替地走起来，能使大腿侧面的肌肉不断拉长，使腿变细。

这些动作可以在上下班的时候进行，不过一定要注意路上的安全。可能你会觉得这样走路容易引来路人的侧目，自己走起来也别扭。的确，如果你觉得尴尬，也可以在晚饭后散步的时候进行练习，坚持下来一样可以达到瘦腿的目的。

一边做家务，一边瘦腿

“没时间，工作忙”是很多人偷懒的借口。其实，平日里一些不起眼的家务活，一样可以起到减肥健身的效果。比如洗3个盘子，右上臂三头肌的负荷几乎与做5个俯卧撑相当。你还在为没有时间减肥瘦腿苦恼吗？如果是，不妨从做家务开始，你会在不知不觉中感受到腿型的变化。

1. 拖地

（1）拖地时，双腿站立与肩同宽，配合工具的移动有节奏地屈伸双膝，直至把地拖干净。这种锻炼可以很好地刺激大腿肌肉，有效消除腿部赘肉。

（2）拖地时，向后抬起一条腿，用力绷紧肌肉和臀部，随着步伐的前进或后退换另一条腿。这种花样式的拖地可以使大腿和臀部得到有效锻炼，让双腿看上去更修长，还有提臀的效果。

2. 洗碗

正如上面所说，洗碗这项家务不仅可以锻炼臂力，还能锻炼腿部和腰腹部。洗碗时，可以有意识地伸直腰，同时微微弯曲膝关节，膝关节弯得越深，腿部肌肉就越能得到锻炼。如果坚持洗1小时的碗，可以消耗大约1.26千焦耳热量。

3. 擦门窗

踮着脚尖擦门窗，可以对大腿和臀部的肌肉形成持续的刺激，帮助修复双腿弯曲的线条。坚持做15分钟，就能使双腿消耗掉502.08焦耳左右的热量，不仅让双腿变得瘦长，脚腕也会随之变细。

4. 晾衣服

晾衣服也能瘦身，将衣服筐放在地上，背对晾衣竿，弯腰曲肘拾起衣物，在原位向左侧扭转身体，并把衣服晾起来，也可以左右两侧交换进行；更可以在扭转时，身体略向后仰，增加锻炼负荷，消耗腰腿部脂肪。

做家务瘦腿，最好在饭后1小时进行，做完后再洗个热水浴，可以让肌肉得到放松。此外，锻炼要遵循“积极主动、心情愉快、强度适当、方式适宜、时间合适”这几个原则，做家务时也要创造这些条件，心情愉快，劳动量适度，才能得到最好的效果。

巧用椅子伸展瘦双腿

每个女人都希望自己能有一双纤细修长的美腿，职场女性整天坐在办公室，容易造成腿部水肿，脂肪堆积，双腿的线条越来越臃肿，如何改善这种状态呢？一把椅子就可以帮助你改变，下面的椅子瘦腿操可以改善腿部肥胖，紧实双腿，让双腿线条越加修长。

1. 坐姿抬腿

（1）坐在椅子上，下背部贴住椅背，两肩放松，双手放在大腿上。

（2）将左膝抬高，膝盖自然弯曲，小腿下垂不要用力，身体维持平衡。

（3）大腿慢慢会觉得酸，等到受不了的时候就换抬右脚，左右轮流交换各10次。

这个动作可以瘦大腿和下腹，不过练习的时候，不要坐在沙发上，因为沙发太软，找不到支撑点反而容易伤到脊椎。

2. 叉腰下蹲

（1）站立，双脚稍稍外翻，脚跟着地，手按椅子顶端，另一只手按腰。

（2）在下蹲时屈曲双脚及提高脚跟，保持动作3秒钟，再回到起始姿势，即完成一次练习，重复动作30次。

下蹲时，腰部要保持挺直，把力量集中在腿部，能更好地拉伸腿部肌肉，塑造美腿。

3. 坐姿伸腿

（1）坐在椅子上，腰杆挺直，双手支撑在椅面，左腿弯膝，小腿垂直地面。左腿向前伸展，整条腿保持直线，脚部绷直。

（2）保持动作5秒钟，脚部勾起，这两个动作各维持5秒钟，重复5次。

除了绷直、勾起的动作外，还可以转动脚部，即将脚逆时针转动半圈，然后回到原来的位置按顺时针转动半圈，如此重复5次。整套动作能有效拉伸腿部，延长腿部线条，达到修长双腿的效果，还能训练脚踝的灵活性。

4. 弯腰扶椅

（1）站在椅子前面，双脚分开，双脚的距离大概与肩同宽。

（2）双手手臂放在椅子上，并且重叠在一起，然后让额头靠在重叠着的手臂上。保持这样的姿势1分钟。接着，身子往下压。

练习的时候，要保持膝盖挺直，这个动作可以紧绷小腿和大腿的肌肉，也可以很好地锻炼腰部和臀部。

5. 膝盖夹书

（1）坐在椅子前端1/3处，双手支撑椅面，找一本书，然后两腿膝盖用力夹住书本，使它不掉落。

（2）书本的数量可由1本逐渐递增至3本，注意使用大腿内侧的力量去使书本不掉落。

除了夹书本外，也可以选择其他物品，重量可以随着练习的深入逐渐加重，这个动作不但可以纠正“O”形腿，锻炼腿部肌肉，更考验腰部的力量。

6. 高腿踮脚

（1）坐在椅子前端1/3处，把脚尖放在比较高起的平台，然后把脚尖尽量向下压。

（2）接着踮脚，小腿用力，脚尖尽量向上伸展，快速重复这个动作。

这个动作可以刺激小腿肌肉，消除多余赘肉，让小腿肚变瘦，也可以把小腿线条变得漂亮，同时也很锻炼脚踝的灵活性。

几招小动作，小腿肚瘦出来

小腿肚粗大是困扰女性的一大问题，因为小腿腿形不漂亮，就算大腿赘肉再少，也会显得双腿肉肉的，非常影响美观。因此，纤瘦小腿刻不容缓，下面这几套瘦腿操或许对你会有所帮助。

1. 捶打双腿

（1）伸直双腿坐好，双手攥成拳状，从两条大腿外侧开始往下捶打至脚腕，捶打要有力，要打出节奏。

（2）1分钟后，把两腿打开，开始以同样的方式捶打大腿内侧至脚腕。

这种捶打可以促进腿部血液循环和代谢物排出，最关键的是能打“碎”腿内缠连在一起的脂肪块儿，使瘦腿运动更易见效。对于肌肉型胖腿，先用这种方法敲打，也可以使双腿变软，变成易瘦型。

2. 俯身触地

（1）双脚交叉站立，手臂自然下垂放于身体两侧。

（2）上半身向前弯，双手尽量触向地面，维持动作10秒钟。

（3）交换交叉双脚，每侧重复动作10次。

注意身体应保持不动，向下时亦要尽量保持身体平衡，这个动作可以很好地拉伸小腿肚的肌肉以及腰部肌肉，塑造完美曲线。

3. 双手抱足

（1）取坐姿，右腿伸直，脚尖向内勾起，同时左腿膝盖向左侧弯曲，脚掌紧贴右大腿内侧。双手自然垂于身体两侧。

（2）俯身，双手握住右脚脚掌，腰部舒展，后挺臀，使小腿有被拉伸的感觉。

（3）还原，换另一侧进行同样的动作。

有些女性身体不够柔软，双手握不到脚的话可以用一条毛巾帮忙，这套瘦腿操每日进行一次，每次几分钟，就能起到很好的瘦腿效果。

以上动作重复10次，训练的时候尽量让身体保持挺直及稳定，双脚不要左摇右摆。通过脚踝的运动，牵拉小腿肚的肌肉，达到瘦腿的目的。

坐姿有讲究，坐好了能瘦腿

女性的身材有太多的关注点，腿部就是其中关注的部位之一。腿部的曲线直接影响着女性穿着的气质，想要魅力十足就最好拥有一双细长的腿。瘦腿的方法众多，不论是饮食，还是运动都很重要。其实，坐姿也影响着你的双腿，学会下面这些坐姿，你的双腿就胖不起来。

1．日式坐姿

所谓的日式坐姿，是指跪在床上或地面上，上身保持挺直，然后臀部压在双腿上，使上半身的体重叠压在两条大腿上。每次坚持10分钟，每日3次。此动作可锻炼腿部韧性，拉抻腿部肌肉，通过坐姿改变大腿脂肪过多的现象。

2．直角坐姿

直角坐姿是在日式坐姿的基础上演变而来的，膝盖弯曲成90度，膝盖关节以90度打开，用手轻轻按住足尖来保持身体平衡。每次坚持2分钟，再恢复日式坐姿1分钟，再直角坐姿2分钟，如此反复练习10次为1组，每日3组。直角坐姿能有效消除大腿内侧脂肪，达到瘦腿目的。

3．淑女坐姿

在直角坐姿的基础上，让上半身向左侧倾斜，保持15秒钟，然后以同样的动作向右侧倾斜，来回进行30次为1组，每日3组。坚持练习可以有效地减少大腿外侧和腰部的脂肪。

4．盘腿坐姿

腰背挺直，盘腿而坐，坚持20分钟，换其他姿势休息几分钟，再盘腿而坐，反复循环练习，每日3～5次。盘腿坐可以矫正“X”形腿，并能减少大腿外侧的脂肪，增强腿部韧性。

由于生活方式的不同，这些坐姿平时很少用到。为了减肥瘦腿，我们可以有意识地进行练习，比如在家看电视、玩电脑或者看书的时候做做这些姿势，对瘦腿很有益处。

时尚普拉提瘦腿运动

减肥瘦身不一定要大汗淋漓，在流行有氧运动的今天，轻柔而简单的微运动也可以燃烧多余的脂肪，塑造完美的体形。普拉提作为一种时尚运动，几分像瑜伽，几分似芭蕾，突出动静的结合，容纳不同运动精华。对于久攻不下的腿部脂肪，很多女性煞费苦心，其实，多做做普拉提运动就有很显著的瘦腿效果。

1. 单腿画圈

（1）侧卧，双腿叠放，单手弯曲，撑住头部，另一只手放在胸前，吸气准备。

（2）呼气，抬起位于身体上方的一条腿。吸气，脚尖由后向前画个小圆圈，呼气，再反方向画圈，动作交替进行10次。

（3）吸气停留，呼气，脚放下，恢复开始时侧卧的动作。

要领：练习时要保持骨盆的稳定，膝盖伸直。

2. 单腿踢

（1）俯卧，手掌向下，小臂贴紧地面，肘部支撑在肩的正下方，抬起上身。双腿并拢伸直，感觉臀部收紧。

（2）呼气，小腿抬离地面15度，膝盖不要弯曲。

（3）保持抬高15度的姿势，吸气，右腿踢向右臀；呼气，左腿踢向左臀。左、右腿反复踢6次。

要领：练习时，头和颈、背保持一条直线，不要后仰，不要耸肩弓背，记得收腹。踢腿时，另一条腿始终保持离地15度。要利用大腿和臀部的力量将小腿抬离地面，而不是依靠膝关节的力量。

3. 单腿伸展

（1）仰卧，双膝弯曲，双腿并拢，双手抱头，吸气准备。

（2）呼气，抬起上身和双腿，大小腿成90度，小腿与地面平行。

（3）吸气，保持上身不动，伸展右腿。呼气，伸展左腿。反复交替左右腿进行10～15次，最后呼气还原成步骤（1）的动作。

要领：要保持上身高度，腰部不要离开地面，抬起的腿不要太靠近腹部，在左右腿交替时，大腿内侧要夹紧，脚尖要绷直。

4. 上下举腿

（1）仰面躺着，并拢双腿，伸直膝盖。向上方抬起双脚，上身和腿成90度。把头、脖子、肩膀抬起成一条线，保持下颚和脖子之间的空隙。抬起手臂与肩同高，保持肩胛骨不碰地面。

（2）吸气的同时收腹，呼气的同时放下双腿。此时保持双腿并拢，上身抬起。吸气的同时恢复到第一个动作，准备姿势。

（3）抬起，放下腿1次为1组，重复5组。

要领：抬起上身的时候脖子不要用力，而利用腹部的力量。如果脖子收得太紧，把枕头放在后脑勺的下面。

5. 跪姿伸腿

（1）双膝跪地，两手撑在地面上，背部要水平，四肢垂直于地面。

（2）吸气，向后伸右腿。呼气，收回右腿。

（3）吸气，向后伸左腿。呼气，收回左腿，变回步骤（1）的动作。

（4）重复步骤（2）（3）共10次。

要领：整个动作过程中，臀部高度要保持不变，中间停留的时候不要翘起。膝盖应当回到原位。重复10次。

6. 后置支撑

（1）坐姿，双腿向前伸直，双手置于身后，手指指向前方，吸气。

（2）呼气，将臀部向上提，离开地面，脚掌绷直。

（3）吸气，继续提高臀部，直到身体绷成一条笔直的斜线，保持10 秒钟。呼气回到步骤（1），重复3次。

要领：保持身体的稳定，不要耸肩，尽量伸展手臂和腿；如果腕关节受伤，停止练习。

普拉提是一种轻柔的有氧运动，重在训练肌肉耐力和减少脂肪，而且一般不受空间限制，只需要很小的一个空间就可以练习。以上动作针对腿部和腰腹部脂肪有显著的消耗效果，瘦身的女性可以常做。不过，需要注意，练习的时间每次以50分钟左右为宜，饭后2小时内不要练习，要注重呼吸节奏和动作节奏的一致。

腿部矫正，美瘦兼顾才有型

为何小腿矫正带这么神奇

女性腿部粗壮会给人不够秀美的印象，如果再加上腿型不正，就犹如雪上加霜，让心中那一点自信荡然无存。所以，瘦腿的同时也要注意腿型的矫正，这里向大家介绍一款瘦腿好助手——小腿矫正带。小腿矫正带是什么东西呢？它的原理又是什么呢？

瘦腿矫正带，其实就是用绑小腿的方法来矫正变形的腿部。我们知道，坐着或站着的时候，往下流的血液会因为小腿肚松大而容纳较多的血液，因此腿部变得粗大。如果利用没有弹性的矫正带将两条小腿绑住，由于绑腿施加的压力，血液无法过多的流入小腿，因此流下来的血液一部分会回流回去，甚至原本滞留的血液会往上送回心脏，小腿肚变得轻松。

另外，由于小腿肚受到挤压，腿部肌肉被收缩及拉长，此时限制了小腿的活动空间，所以会反馈出一股压力帮助排除肌肉乳酸，乳酸的排除能快速消除小腿的疲劳，而且把紧缩的小腿肌肉松开，粗大的双腿就变细了。

小腿矫正带的另一个作用是，当小腿被绑住之后，受到的压力会传导到大腿的胯骨。绑上小腿矫正带做左右扭转运动，可以让收缩的力量施加在腰腹及肋骨，能起到缩胯直腿、细腰收腹的功效。这么好的工具，瘦腿是千万不能错过的。

不过，小腿矫正带的选择也很重要。除了符合小腿弧度之外，在材质上尽量选择没有弹性的，因为无弹性矫正带不会一直往内勒紧造成压迫，而且矫正腿型需要足够的“对抗”力量，这个对抗力量就是包覆在小腿上没有弹性的矫正带。

对于大部分有弹性的矫正带，不是不可以用，只是效果要差一些。弹性的材质会造成持续束紧的压迫感，容易压迫血液循环，而且时间久了会在皮肤上留下一道深红色的压痕，造成不适的疼痛感。

在固定设计方面，小腿矫正带都是以扣环夹住织带来固定的。可以很方便地通过拉紧织带来固定，松开也只需要轻轻拨动扣环就可以。由于使用无弹性的材料，扣环的使用寿命较长，不会因为长时间使用失去弹性而扣不住，这是较其他弹性材料更优质的地方。

正是小腿矫正带的这些优势，使其能够在腿型矫正的时候起到一定作用。不过，不要过度依赖矫正带的神奇功效，它起到的是辅助作用，对于严重的腿部变形，还要结合其他方法来矫正。

教你轻松自制小腿矫正带

小腿矫正带作为矫正腿型的工具，市场上种类比较多，但是功能大致类似。绑起来做一些小运动，确实能够很好地矫正腿型，是瘦腿、瘦腰、缩胯的一大助手。不可否认，购买市场上的品牌矫正带自然是好的，除此之外，你还可以就地取材，用日常生活中的旧衣物，比如长围巾、秋裤或者是裤袜来自制小腿矫正带，也能起到矫正的作用。

1. 裤袜

（1）把裤袜的腰部放在小腿上，裤袜的腿部在两边打开。

（2）将裤袜从靠近膝关节的位置开始围绕腿部交叉绕圈。

（3）绕到裤袜结尾的地方把它塞进去，这样就固定住了。

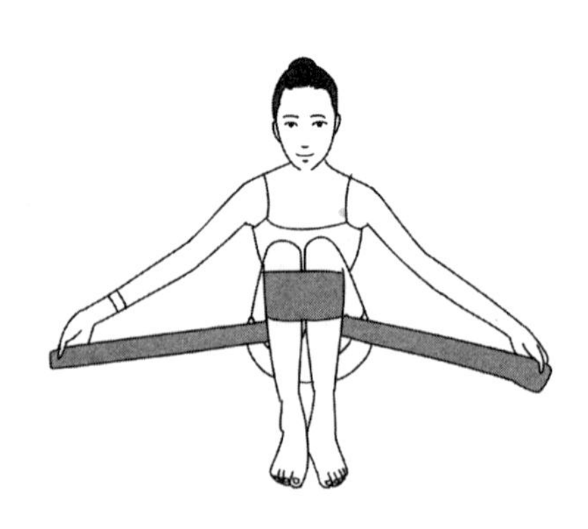

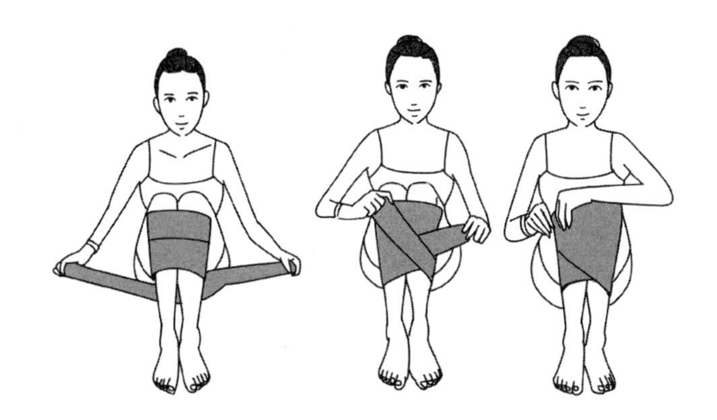

需要注意的是，有时候绑得比较紧，膝盖、脚内踝会因为相互挤压、摩擦而产生疼痛，这时可以在膝盖、脚内踝之间垫一条毛巾或者一只厚点的袜子，这些部位就不会因摩擦引发疼痛。

2. 围巾

（1）把长围巾放在膝盖上，两边一样长。

（2）螺旋式交替缠绕小腿，拉紧。

（3）绕到脚踝部，将长围巾的两头系在一起，这样两条小腿就绑得非常紧了。

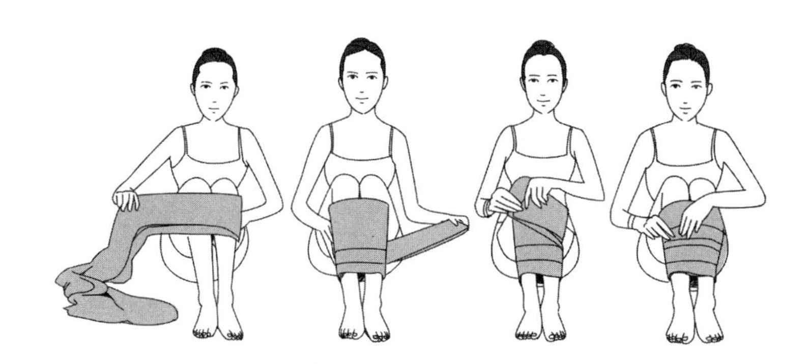

围巾具有伸缩性，绑的时候要尽量拉紧；围巾过宽的，可以对折一下再绑。

3. 长袖衬衫

（1）把衬衫身体的这一段对折，折到接近腋下的位置，使身体部位与两只袖子成一条直线，大小相等，然后用针线固定对折的部分，这样衬衫就不会松掉了。

（2）把衬衫从小腿前面包到后面，衬衫身体的部位放在小腿上，袖子向后面绕。

（3）拉紧袖子之后将其交叉，打结即可。

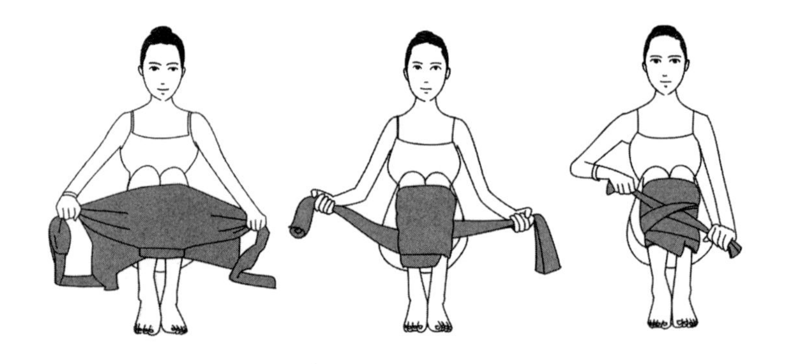

尽量选择没有弹性的长袖衬衫，绑腿矫正腿型的效果会更好。衬衫的袖子越长，包缚的时候就越好缠绕。需要注意的是，在用衬衫袖子包裹腿部的时候，尽量把衬衫袖子摊平，不要绞在一起，避免产生局部压迫，造成腿部不适。

让“O”形腿变直的美腿操

“O”形腿，医学上称为“膝内翻”，是指人体直立时膝关节向外突出，而小腿向外偏移，两下肢构成“O”形腿。这种畸形发生在胫骨上，有时也牵连到股骨。“O”形腿不仅在外观上显得难看，而且行走时左右摇摆，步态不稳，两足相碰，呈“内八字”姿势。

“O”形腿的形成有很多方面，比如小时候缺钙就会得佝偻病，这种病又会引起下肢的畸形，一般情况下经过治疗都可以得到矫正。女性比较容易产生“O”形腿，这大概与体内雌激素的下降有一定关系，另外，很多不好的习惯也容易变成“O”形腿。

而对于“O”形腿的矫正，大都以手术为主，当然物理疗法也有一定效果，比如夹板矫正法：即用两片有弧形切面的轻金属夹板绑在腿部的外侧，在适当的部位绑上系带来矫正。

由此可见，矫正“O”形腿需要费一些心思，不过你大可不必过于担心，下面这几套矫正操就可以帮助你矫正腿形，只要坚持做以下几套美腿操，腿就会慢慢变直。

美腿操一

（1）身体向左侧躺在地面，脖子枕在左手臂上，右腿屈膝，踏在左腿膝盖前方的地面上。

（2）起身趴地，俯卧在地面上，右腿屈膝90度并向上抬起，膝盖离开地面。

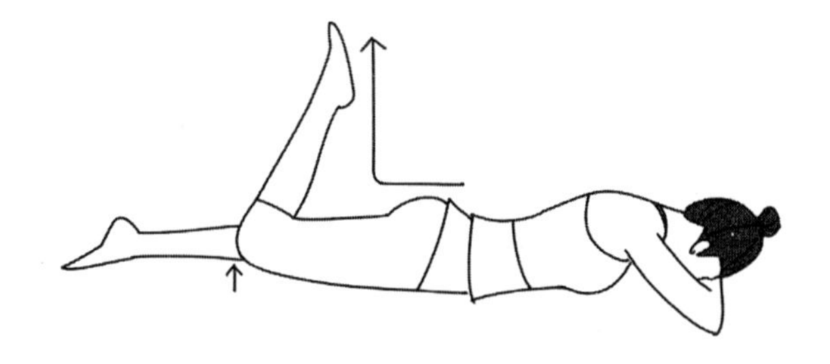

（3）回躺身体，如步骤（1）的侧躺姿势，左腿向后屈膝，右腿伸直抬起。

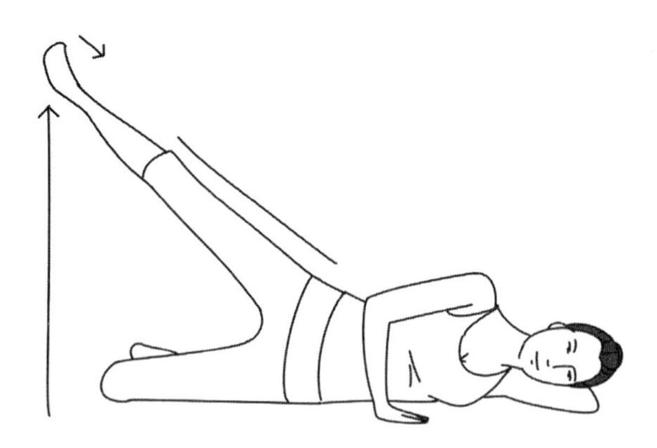

（4）平躺身体，右腿脚尖向上，用双手抱住左腿膝盖并向上抬起，往胸部拉伸，使左膝盖贴在胸前。

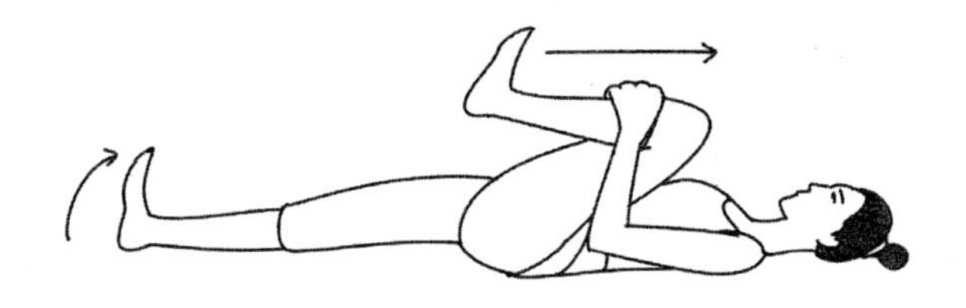

这个动作能很好地活动膝盖部位，拉伸腿部肌肉，对于矫正“O”形腿有一定的效果。

美腿操二

（1）保持站立姿势，两脚尖张开呈90度，上半身保持挺直，双膝往脚尖打开方向弯曲，同时放低腰部。

（2）打开的双膝慢慢整齐并拢，上半身依然保持挺直。

（3）起身，收臀，注意双膝并拢不要分开。

以上动作10次为1组，每日2组，可以使骨盆往内侧拉紧，收紧腹部和臀部肌肉，从而使膝盖往内侧靠近，有效纠正“O”形腿。

小运动，告别“X”形腿

“X”形腿，医学上叫作膝外翻，俗称八字步。由于先天或后天等因素的影响，很多女性形成了“X”形腿。“X”形腿的人在两脚并立时，两侧的膝关节先碰在一起，而两足跟则靠不拢，间隔距离可达1.5厘米以上，大腿小腿间都有缝隙，走路时会出现两膝互碰的步态，非常不便。

其实，“X”形腿并不是小问题，它是常见的下肢畸形，是令很多女性头疼的问题，它不仅影响女性的形体美，还会引发跛脚、膝关节炎等病症，严重影响日常生活。

因此，女性应尽早矫正“X”形腿。虽然“X”形腿矫正起来有一定难度，但只要坚持，就会收到很不错的效果。以下运动对“X”形腿的矫正就很有帮助。

1. 椅子塑腿操

（1）双手扶住椅背，双脚分开略宽于肩，身体重心下移，呈半蹲站立，保持此姿势30秒钟。

（2）直身，将左腿向后伸展并弯曲，用左手握住左脚脚尖，保持此姿势30秒钟，两腿交替进行，各做10次。

（3）双手扶住椅背，两脚并拢，脚尖着地，后脚跟向上抬起，使腿部及背部绷直，保持此姿势30秒钟；向前迈出一大步，呈弓步，保持此姿势30秒钟，两腿交替进行，各做10次。

2. 双脚拉引

坐在椅子或地面上，两腿并拢放平，在左右脚腕系上一条长50厘米的橡皮筋。然后两脚用力向外张开，尽量拉到极限，然后放松还原，重复动作20次。

3. 按压膝盖

坐在地面上，屈膝，脚掌心相对，两手放在膝盖处向下慢慢按压，尽量让膝盖靠近地面，达到自己承受的最大极限即可，保持10秒钟，还原，重复15次。

4. 脚腕夹物

坐在椅子上，双手握住椅背，两脚触地，屈膝成90度，脚腕处夹住一个物品。然后双脚离地，两腿尽量往上抬，抬到一定高度，保持10秒钟，然后放松还原，重复20次。物品的选择由大到小，直到能夹住一张纸为最佳。

5. 双膝外翻

两脚并立站直，两手自然下垂放于两侧，身体微微向前倾、半蹲、双膝用力外翻，同时双手向外拉伸双膝内侧10秒钟，起立，还原，放松，重复20次。

以上这些矫正“X”形腿的小运动需要长期坚持。女性在矫正“X”形腿的过程中要经常按摩腿部内侧的肌肉，增加肌肉的张力，以帮助矫正“X”形腿。

除此之外，在日常走路时，如果能两脚一前一后地踩在同一条直线上，即走“猫步”，长时间坚持也会有一定效果。

简单小动作，矫正长短腿

腿型的问题，除了最常见的“O”形腿和“X”形腿之外，长短腿应该是极少数的。它的形成主要是骨盆的歪斜引起单条腿变短造成的，常见于习惯在站立时用单条腿承重的人群。要想纠正这种腿型，除了改掉单腿站立的不良习惯外，平时坚持做骨盆操是很好的矫正方法。不过，运动需要长时间坚持，才能最终拉齐双腿。

1. 屈伸运动

面对着墙站立，脚尖离墙面大约一步的位置，长腿后退半步，脚后跟打开呈15度，膝盖对脚尖，双手扶墙，手臂与地面保持平行，胸部尽量往前靠，挺胸翘臀，双手扶墙不动，身体上下运动，刚开始可能屈伸不大，不要过于勉强，循序渐进地进行，每日早、中、晚各2组，每组50次。

2. 弯腰触地

双脚打开与肩同宽，双臂自然垂放于身体两侧；上半身向前弯曲，膝盖保持直立，双手向前伸，手掌尽量贴于地面，如果双手无法触地，可以双手抱住后小腿肚；保持姿势5～10秒钟，然后起身，恢复原位。重复运动10次。

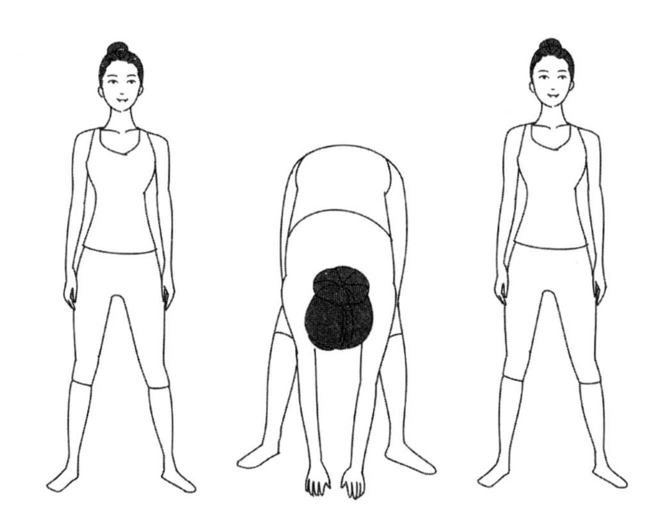

3. 俯卧拉伸

取俯卧姿势，两手掌向下交叉贴于胸前，两腿伸直，然后让家人或朋友用毛巾辅助拉伸较短的腿，将较长的那侧腿向臀部推。注意拉的力度不要太大，每次拉3～5分钟，长期坚持，对长短不齐的双腿有一定的矫正作用。

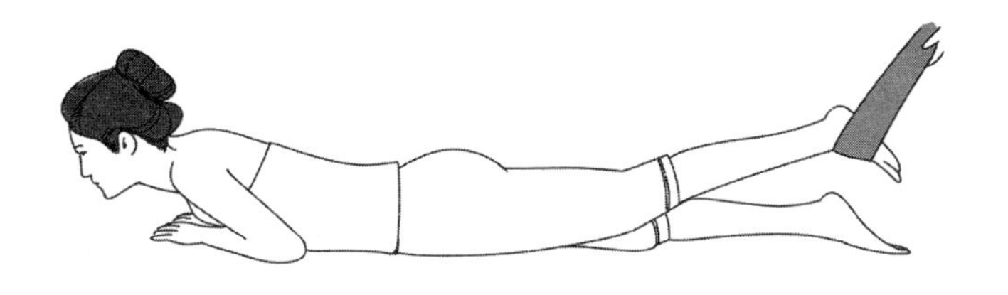

4. 仰卧屈膝

仰卧坐垫上，两手抱膝，使膝盖、足跟、脚拇趾紧贴相对，双膝双足双趾不分开，如果两条腿合起有较大缝隙，可在小腿和大腿处绑上腿部矫正带，并在短腿臀部垫上 5 厘米的坐垫，两手曲肘用力将两膝拉向胸部，同时抬头，下巴尽量往膝盖靠，放松重复20下为1组，每日做3组，每组之间休息片刻。

坚持做这几组运动，长短腿会在不知不觉中得到改变。不过，由于每个人的身体情况不一样，在矫正的过程中，肯定会出现一些不同的反应，进度也会不一样，遇到这种情况，不要马上否认效果或者放弃。可以咨询专业机构或医师，并坚持下去，矫正才会成功。

腿部保健，纤纤玉腿养出来

瘦腿第一步，提高新陈代谢

每个人的体质不一样，所以体内的新陈代谢速度也会有快慢之分。摄入相同热量的人，代谢慢的就会出现发胖的情况，所以，要想瘦，就要提高新陈代谢，使身体自身消耗的能量增加，自然就能够瘦下来。

下面，我们来了解一下基础代谢率（BMR），它是指安静状态下消耗的最低热量，几乎我们所有的活动都建立在这个基础上。随着年龄的增长，基础代谢率的功能会慢慢下降。也就是说，人越老，基础代谢就越缓慢，这也是为什么有些人一到中年就开始发福的原因。

那么，如何来计算基础代谢率呢？我们可以通过以下的公式：

男性基础代谢率（千焦/天）=〔66+13.7×体重（千克）+5×身高（厘米）−6.8×年龄〕×4.186

女性基础代谢率（千焦/天）=〔655+9.6×体重（千克）+1.72×身高（厘米）−4.7×年龄〕×4.186

正常人的代谢率基本在15%左右，超过这个数值就代表代谢率异常。代谢率与人体的体温存在直接的关系，身体发冷，新陈代谢就会减慢，脂肪就开始堆积，一旦进入新陈代谢减慢，脂肪继续堆积的恶性循环，身体就会横向发展，肥胖就与你如影随形。

有没有办法可以改变代谢率呢？答案是肯定的。不管是从饮食、运动，还是生活细节方面入手，都能使体温升高，提高代谢率。具体的方法如下：

1. 摄入优质蛋白质

在摄入蛋白质之后，身体会变得温暖，自身的体温也会升高。由此可见，蛋白质的摄入可以提高新陈代谢率，只要每天保证热量的10%是蛋白质（如鱼、鸡肉、低脂干酪、豆类等），就可以让我们多消耗627.6～836.8焦耳的热量。由于蛋白质的主要成分是氨基酸，而氨基酸很难在人体内消化分解，因此身体主要器官需要消耗更多的能量来消化吸收。

2. 摄入足够的热量

人体的一切活动都需要能量，热量作为能量的一种，它是维持人体生存的必要因素。在日常的饮食中，热量摄入减少，身体缺少能量就会自动放缓代谢速度以维持生命的基础代谢，就会出现营养不良等症状。比如，人在饥饿时，人体代谢率会降低到正常状态下的70%～80%。所以，节食减肥或只吃水果减肥的人，脸色泛黄，昏昏沉沉，疲乏困倦，这样的减肥方法是不健康的。

3. 多进行力量训练

我们知道，有氧运动可提高人体最大摄氧能力，增加脂肪的消耗，但它并不能增长肌肉。力量训练则可以很明显地增加肌肉，肌肉的增加可以很好地提升基础代谢率，使休息状态下耗能增加。所以，减肥者应适当增加力量型训练，如举重、哑铃、杠铃等。当然，还是要以有氧运动为主，燃脂最有效的方式还是有氧运动。

基础代谢率一般从25岁开始下降。研究表明，30岁以后，人的基础代谢率每10年会下降2%～5%，要改变这种因年龄因素引起的基础代谢率下降，就必须保持一定的运动量，同时按时按量、保证营养均衡地饮食，如此才能拥有并保持一个苗条的身材。

腿型不同，瘦腿要对症下药

人有胖瘦，胖亦分型，这里的型是指肥胖的分型。腿部肥胖也是分类型的，一般我们可以把它分为水肿型、脂肪性、肌肉型三种类型。所以，想要瘦腿更有效率，需要根据不同腿型进行不同的弥补和修正。减肥最主要的就是饮食和运动，怎样快速地瘦出纤细美腿呢？

下面的几种类型及应对方法值得我们一试。

1. 水肿型

据调查，如今大约有七成女性腿部出现浮肿，而且她们有些看上去并不胖，甚至上半身很瘦，但就是大腿粗壮，身材比例很不协调。其实，这种腿型就是水肿型腿。我们可以通过手指按压来判断，如果压出一道白色痕迹就属于水肿型腿。

表现：水肿型的人一般容易口渴，需要频繁喝水，口味比较重，喜欢在外就餐，晚上睡眠少。导致水肿型腿的原因主要是淋巴液的停滞以及组织液流动不畅。

应对：（1）不要长时间站立、久坐，隔一段时间起来踢踢腿，伸伸腰，敲打胆经以促进血液循环；（2）不要穿紧身裤子；（3）晚上睡觉时，用枕头把脚垫高，可以起到消除水肿的作用；（4）在饮食上一定要杜绝吃高盐、辛辣的食物，多吃有利于排出人体水分、盐分的食物，如冬瓜、木耳、番茄、香蕉等。

2. 脂肪型

脂肪型腿的特征是显得肉肉的，摸上去也软软的，很不美观。判断这种腿主要通过观察小腿是否软软的看不到肌肉。此外，脂肪型腿大腿后侧还会下垂、有橘皮，臀部也显得松松垮垮。

表现：这种腿型的人一般是缺乏锻炼，而且喜欢吃淀粉类、高脂肪、垃圾食品，这些食品摄入过多容易造成热量过剩，导致脂肪在腿部大量堆积而形成脂肪型腿。

应对：（1）这种腿型的人应该多做有氧运动，比如骑脚踏车、游泳、跳绳、长跑等，每天坚持1小时以上效果比较好。

（2）每天摄取热量不要超过1500卡，而且要减少碳水化合物和脂肪的摄入，多吃蔬菜和水果。

3. 肌肉型

相较于前面两种腿型，肌肉型腿的人要少得多，如果你的小腿呈现粗壮的萝卜型，小腿肚很硬，捏起来感觉硬硬的，几乎捏不出任何赘肉，这就属于肌肉型腿，这种腿型想瘦下来有一定的难度。

表现：肌肉型腿大多发生在运动员，或是运动量较大的人身上，拥有这种腿型的人都是比较喜欢运动的人。

应对：（1）尽量选柔和运动，不要进行重度的器械及长跑运动，长时间的运动后一定要拉伸。

（2）晚上睡觉前揉揉腿，让劳累一天的肌肉得到完全的放松。

（3）避免过多摄取增肌的高蛋白质食物，多吃加速肌肉新陈代谢的食物，如富含维生素B的冬菇、豆腐、花生、菠菜等。

美食瘦腿，细腿“吃”出来

一双纤纤修长的玉腿，往往能吸引更多人的目光。因此，拥有一双美丽、修长的双腿，是女性们梦寐以求的事。她们跑步、节食，甚至抽脂减肥等，只要能修得一双美腿，就不在乎使用什么方法。其实，美腿虽重要，但也少不了营养的滋润。食物对于美腿的塑造具有一定的内在养护功效，下面给大家介绍几道瘦腿美食，让你享受美味的同时也拥有修长美腿。

1. 红豆薏仁汤

食材：薏仁50克，红豆30克，红糖适量。

做法：将薏仁、红豆洗净，置于砂锅内，加适量水，开火，烧沸后用文火慢熬；待薏仁、红豆裂开后加入红糖即可。

功效：薏仁能健脾除湿，减肥消肿，红豆含有“石碱酸”成分，可加速肠胃蠕动，促进排尿，消除心脏或肾脏病所引起的浮肿。另外，纤维素帮助排泄体内多余盐分、脂肪等，对瘦腿尤其有效。

2. 木瓜雪蛤汤

食材：木瓜1个，雪蛤膏50克，冰糖、鲜奶各适量。

做法：将木瓜顶部切去1/4做盖，挖出木瓜的核和瓜瓤。将冰糖和水一起煲溶后，放入洗净的雪蛤膏煲半小时，加入鲜奶，沸腾后注入木瓜盅内，加盖，用牙签插实木瓜盖，隔水炖1小时即可。

功效：木瓜香滑，雪蛤晶莹透亮，有润肤养颜清脂的功效。木瓜里的蛋白分解酵素、番瓜素可以帮助分解肉脂，降低胃肠的工作量，让肉感的双腿慢慢变得很有骨感。

3. 香芹干丝

食材：芹菜300克，猪瘦肉100克，五香豆干50克，油、盐、黄酒各适量。

做法：芹菜洗净，切成长段，五香豆干洗净，切丝；猪瘦肉洗净，切丝，加入黄酒、盐搅拌均匀备用；炒锅放油烧热，放入肉丝煸炒2分钟后，倒入豆干丝，加盐及少许水焖5分钟，最后倒入芹菜丝，翻炒均匀即可。

功效：芹菜含有丰富的胶质性碳酸钙，可以补充双腿所需要的钙质。芹菜也含有丰富的钾，可以防止下半身水肿。

4. 瘦腿茶饮

食材：柠檬草、迷迭香、马鞭草各5克。

做法：冲泡时最好先倒入热开水500毫升，之后再放入原料，这样可以保有原料的色泽，且较为耐泡。冲泡后可将原料取出，加入适量的蜂蜜调味，原料可以反复冲泡4～5次。

功效：经常饮用还可以排除下半身水肿，如果能再配合一定的腿部按摩，对于瘦腿可以达到事半功倍的效果。

除此之外，水果也是具有瘦腿功效的美食，比如香蕉含有丰富的钾，钾是一种天然的矿物元素，可以有效改善腿部浮肿；葡萄含有独特的枸橼酸成分，能使新陈代谢更顺畅，其含钾量也很丰富，可以帮助促进水分代谢，改善腿部浮肿。所以，瘦腿水果必不可少。

粗盐消水肿，腿部赘肉去无踪

我们知道，粗盐具有发汗的作用，可以排出体内多余的水分，并促进皮肤的新陈代谢，排除体内废物。再者，粗盐可以软化污垢、补充身体盐分和矿物质。所以，粗盐不但有利于减肥，还可以让肌肤变得细致粉嫩、紧绷美丽，其相关的美容产品也越来越多。

可能你还不明白粗盐减肥的原理，简单地说，就好比腌肉，把盐撒在肉上，你会发现，肉里的水分会不断地渗出来。当然，我们用粗盐来减肥并不需要这么残忍，如果想通过粗盐来瘦腿，只需要敷一敷，或者沐浴就够了。

1. 粗盐敷腿

（1）坐在椅子上，将双脚放在任何高于心脏位置的地方。

（2）取适量粗盐加入少许热水拌成糊状，敷在脚和腿上。

（3）反复按压5分钟，力度以不引起疼痛为宜，盐脱落后向腰部方向推抹20次。

（4）按摩并擦干后，再用温水浸泡几分钟。

2. 粗盐沐浴

（1）用沐浴乳清洗全身，冲水直到身体发热。

（2）用粗盐于腿部由下方往上以打圆圈的方式按摩，直至粗盐完全溶解，然后冲水使身体发热；用相同的方法用肥皂再按摩5分钟以上。

（3）擦干身体后，涂抹紧身霜按摩3～5分钟至完全吸收，能补充不断流失的天然成分，让肌肤更紧致，更有弹性。最后，擦上含维生素E的润肤露，为肌肤提供持久的滋润。

（4）洗完澡后，做做下肢伸展操，前后与侧抬腿各50下。

需要注意的是，用盐热敷时，要注意避免烫伤皮肤；用手搓的过

程中，用力要适度，不要太用力刮擦皮肤；最好使用市场专用的减肥盐，如果没有，可使用粗粒食用盐或者海盐代替。若是敏感性肌肤或者皮肤较薄无法使用一般粗盐的女性，可以用沐浴盐代替。

三招按摩，快速搞定“大象腿”

除了腰部，大腿可以说是最容易囤积脂肪的部位，尤其是大腿根部靠近臀部的地方。为什么这个地方容易有赘肉呢？主要原因是久坐不动以及穿过紧的裤子造成的。久坐容易气血不通，使脂肪堆积，过紧的衣物会压迫大腿的血液循环，同样影响脂肪代谢，久而久之就形成了“大象腿”。

大腿赘肉过多本就难看，更要命的是脂肪囤积过多，还会造成橘皮组织。其实，解决这些问题，你只需要利用一些小动作就能加以改善。

1. 揉捏

用手掌与拇指，夹捏腿部多余赘肉部分，尤其是大腿内侧部分。大腿内侧有一条筋，沿着这条筋抓起赘肉时会有酸疼的感觉。

从膝盖内侧开始直抓捏到大腿根部，慢慢地抓捏，5分钟左右即可。

也可使用掌根部分，夹揉大腿多余赘肉部分，夹捏方式同上。

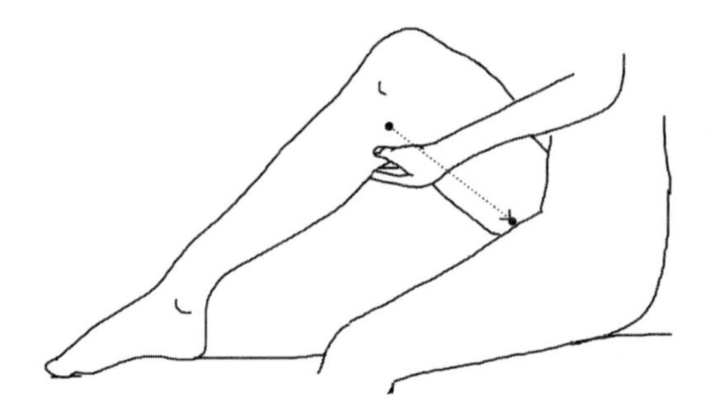

2. 拍打

顺着腿部的淋巴结作拍打按摩，可使腿部的淋巴结和血液循环更为畅通，而且通过适度按摩，能消除腿部的沉重感与水肿现象。当你决定选择此种瘦腿方式时，每周至少要按摩2次以上，且按摩的时间要维持1个小时以上，才能达到瘦腿的效果。

五指紧拢呈中空状态，从脚踝开始向膝盖的背面，用双手有节奏地由下而上进行拍打。

利用按摩的方式，以促进腿部血液循环，达到瘦腿的效果。长时间站立，要松弛肌肉、消除水肿现象的女性朋友，适合利用这种方法。

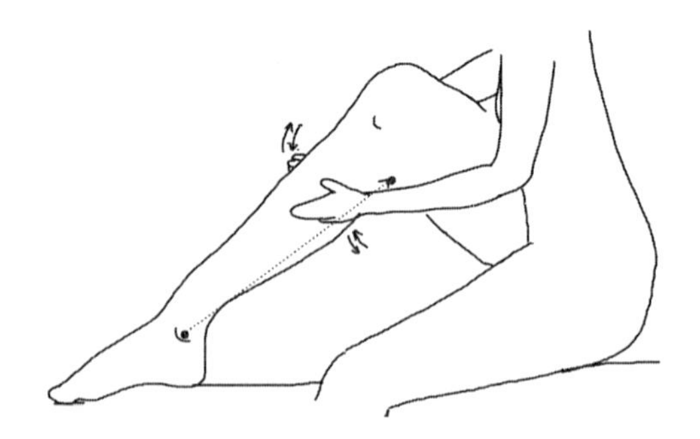

3. 刮擦

刮擦，其实就是把拳头当作刮痧板使用，操作起来很简单，只需用拳头抵住腿部，由下往上刮，刚开始时力度不要过大，逐渐习惯之后再慢慢加大力度。

刮赘肉部位时，尤其要注意臀部下缘的部分，视需要增加次数。其余地方约刮8次即可。刮的使用部位可以是拳头内侧、外侧，或是前侧，只要方便手部施力即可。

以上3种方法，都是利用中医按摩的原理，通过揉捏、拍打、刮擦加速局部血液循环，使气血畅通，加速脂肪排泄与燃烧，通过运动让脂肪消耗掉，是能够起到一定减肥作用的。当然了，运动减肥只有持之以恒才能获得成功。

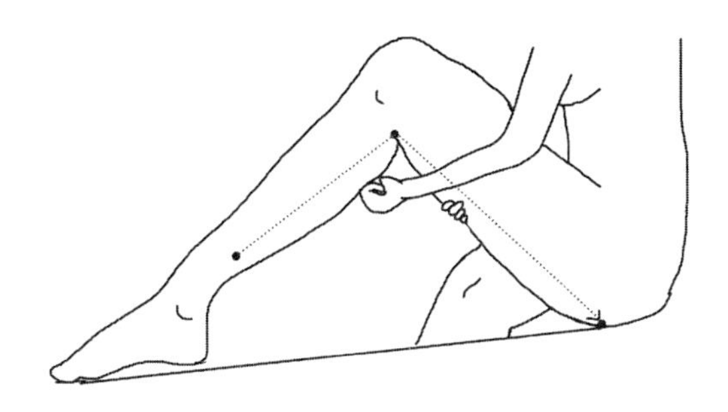

脚部按摩燃脂瘦腿操

减肥是一件时时刻刻都在进行的事，因为一不小心，就有可能前功尽弃。有些女性为了快速减肥，时刻都在做着与减肥有关的事情，这种精神是可嘉的。不过，你大可不必如此紧绷，如果非要不放过任何机会，睡前脚部按摩倒是一个不错的瘦腿运动。

1. 敲击脚底

操作：坐在床上或地面上，以脚掌为中心，有节奏地进行敲打，以稍有疼痛感为度，每只脚敲打50次左右，交替进行，做2组。

功效：敲打脚底可以消除一天的疲劳，促进全身血液循环，使内脏排毒功能增强，使体内血管的排泄功能畅通无阻，加快燃脂速度。

2. 按摩脚趾

操作：用双手夹住双脚的大趾，做圆周按摩，每天按摩数次，每次3分钟，也可以用手做圆周运动来搓小趾外侧。

功效：按摩脚趾不仅能瘦身，还有助于增强记忆力，因为记忆力与小脑有关联，而小趾又是小脑的反射区，按摩小脑的反射区自然能够起到锻炼小脑的作用。

3. 摩擦双脚

操作：仰卧在床上或地板上，抬起双脚并合拢用力相互摩擦，如果双手同时进行摩擦效果更好，只要用力摩擦20次即可。

功效：使血液循环通畅，脚部感到温暖时，便可以在短时间内加强体内排毒燃脂功效。

俗话说："树老根先竭，人老脚先衰。"脚也被称为人体第二心脏。可见，脚部按摩不仅仅起到燃脂瘦腿的作用，而且还有助于延年益寿、美容养颜。常进行脚部按摩，既瘦腿又养颜，何乐而不为呢！

懂穿着，美腿也可以穿出来

穿着对于腿型的塑造也很重要，比如穿拖鞋对腿部就有一定的塑形作用，因为穿稍微宽松的拖鞋走路，会迫使人体动用平时很少用的腿部肌肉，脚趾必须用力才能“抓”住拖鞋，这样不仅锻炼了腿部肌肉，还有助于腿部肌肉的协调性，促进腿部的血液循环。

不过，穿拖鞋式凉鞋的鞋跟不宜太高，太高的鞋跟走起路来，着力点集中在前脚掌，重心不稳，走起来摇摇晃晃，一不小心就会摔伤或扭伤。

除了穿拖鞋能塑造腿型，我们还可以通过穿着来修饰出美腿，只要你稍微懂得一点穿衣搭配，就能穿出苗条的腿部。以下是一些值得借鉴的方法：

（1）修饰双腿最好的方法，就是选一双合适的袜子。尤其是在选择裙装的时候应该注意选择相配的袜子。腿较粗的女性宜穿粗直条的深色袜，可以使腿看上去苗条一些。袜子的颜色应该比鞋子的颜色浅一些，或者与衣、裙的底色相近为宜。

（2）通常来说，腿部特别肥胖的女性不建议穿裙装外，其他腿形的女性都可以穿裙装，尤其是身材矮小的女性穿上短裙或超短裙，并且配上相宜的高跟鞋，可以给人身材变长的感觉。腿部粗壮一些的女性可以选择长裙，以盖住双腿。

（3）虽然黑色丝袜美丽又性感，但腿细的女性不太适合穿。其他腿形穿黑色裙或连衣裙，配上黑色丝袜和黑色高跟鞋，则更能显示出女性的魅力。不过，为了显示穿着的文雅，袜筒的上口应该被裙装的下摆遮住。

（4）双腿纤细的女性，适合选择浅色丝袜，这样会使腿显得稍粗一些，并且穿肉色的袜子会给人一种真切的皮肤质感。不过，对于腿部粗壮的女性来说，肉色会使大腿显得更耀眼，应该避免穿肉色丝袜。

以上这些方法都能在一定程度上修饰过粗的双腿，肥胖的女性不妨花点心思学些着装打扮，让自己的腿部修长起来。不过也不要忘记减肥，瘦下去才是长久之计。

巧护理，轻松去除橘皮组织

据最新调查显示，有高达80%的女性受到橘皮组织的困扰。橘皮组织是让肥胖女性烦恼的问题，它的存在不仅令肌肤看上去凹凸不平，尽失美感，更会令身体线条变得累赘和臃肿，尤其是秋冬季节气候干燥，橘皮组织更为明显。

为什么女性容易产生橘皮组织呢？一个很大的原因就是肥胖，脂肪细胞外围包覆住的组织纤维化，就会导致表皮出现凹凸不平的皱纹。另外，快速减肥、局部水肿、怀孕妊娠、新陈代谢减慢、不良的生活习惯都会导致橘皮纹的出现。

虽然肥胖是造成橘皮组织的最大因素，但它并不是胖人的专利，瘦人也可能会有橘皮组织。当别人拥有紧致肌肤，而你腿上却布满橘皮纹，你肯定十分困扰。其实，要想去除橘皮组织也不是不可能，以下方法就能给你一定的帮助。

1. 通过饮食加以控制

肥胖的人挑选食物时应遵循“低脂低盐高纤维”的原则，尽量少吃动物类脂肪以及高热量的甜点。体内盐分一旦增加，身体就会把盐分的浓度调整到一定状态，这就需要大量的水分，脂肪中过多的水分如果无法快速排出体外，会促使橘皮组织更严重。

所以，有橘皮纹的人应多吃些芝麻、萝卜叶、竹笋、菇类、毛豆、红薯、猕猴桃等食物，充分摄取植物纤维素。此外不要吃寒凉食物，比如莴笋、番茄、哈密瓜、西瓜等，这些食物会导致新陈代谢和血液循环放慢，使过多的没有代谢掉的脂肪堆积而形成橘皮组织。

2. 经常做做微运动

大运动量确实燃脂效果快，更利于减肥。不过，对抗橘皮组织更适合持之以恒、简单方便的轻微运动。比如肢体伸展运动，能强化肌肉力量、增强组织，极大地改善身体素质，使皮肤光滑有弹性，而且微运动是非常适合懒人的运动，你不必出门，在家里就可以完成。

3. 沐浴淡化橘皮纹

沐浴的时候，将一汤匙浴盐倒入适量的沐浴液中，然后搅拌均匀。先湿润肌肤，把浴盐涂在腿部并由下往上按摩片刻，最后用温水冲洗干净。这种沐浴方法不仅能够淡化大腿的橘皮组织，而且可以预防橘皮组织的产生，刺激全身淋巴系统的正常运作。

4. 按摩消除橘皮纹

洗完澡后，用抓捏的方式按摩腿部、臀部等容易产生橘皮组织的部位，再用手心由下而上来回拍打，10分钟左右即可，按摩前一定要先涂上燃脂类的按摩膏。这种有节奏的按摩和拍打方法，有助于让肌肤充分吸收按摩膏，加速脂肪分解，使脂肪细胞缩小，从而消除橘皮组织。

橘皮组织的形成不是一朝一夕，去除橘皮组织的过程更加艰辛。通常需要一个多月甚至更长的时间才能收到效果。同时，要注意在饮食、运动等方面做好配合，多泡泡热水澡和进行按摩能起到一定的缓解作用。

全方位运动瘦肩、臂

穴位按摩，让肩颈更纤细

肥胖的女性有很多是“膀大腰圆”，也有很多女性身材不算胖但是身材却不匀称，这也是令人烦恼的一个问题。就拿肩颈部脂肪堆积来说，不仅影响身材，还使肩关节活动不够灵活，容易使肩部疲劳。

我们知道，肩颈是比较特殊的部位，想要消除此处的脂肪，是非常困难的，很多女性通过运动的方法来达到目的，但效果却不是很理想。

怎么办呢？其实我们可以通过按摩几个穴位来帮助快速地瘦肩颈，让你也可以拥有纤纤玉肩，再也不用羡慕别人了。

1. 肩井穴

取穴：从脖子根到肩膀部位连线的正中，也就是用一手的拇指触摸脖子而将其他手指放在肩上时，中指所触握的位置。

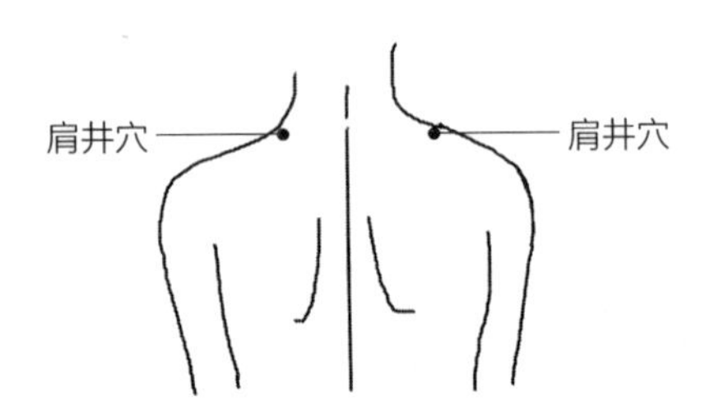

操作：右手放在左肩上，用中指压住肩井穴，配合着呼吸有节奏地按压。用力由轻到重，逐渐增加，再由重到轻，持续按压1分钟，使肩井穴处有疼胀感，再换另一侧，每日做3次。

2. 颈夹脊穴

取穴：用双手手指触碰颈椎，在颈椎旁开约0.5寸处即为颈夹脊穴。

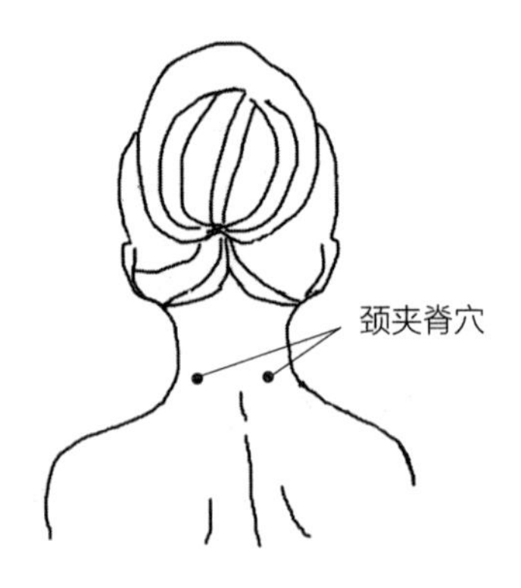

操作：按摩颈夹脊穴可采用捏的方法，即一只手半握拳，扣在颈椎上方，食指、中指、无名指和小指放在颈椎的一侧，掌根放在脊柱

另外一侧，手指和掌根相对用力，对颈夹脊穴进行捏挤，5秒钟1次，每日至少捏挤20次。

3. 大杼穴

取穴：第一胸椎棘突下，旁开约1.5寸处。也就是将脖子向前弯曲时，在肩背部露出骨头的下方2厘米，再向外3厘米处。

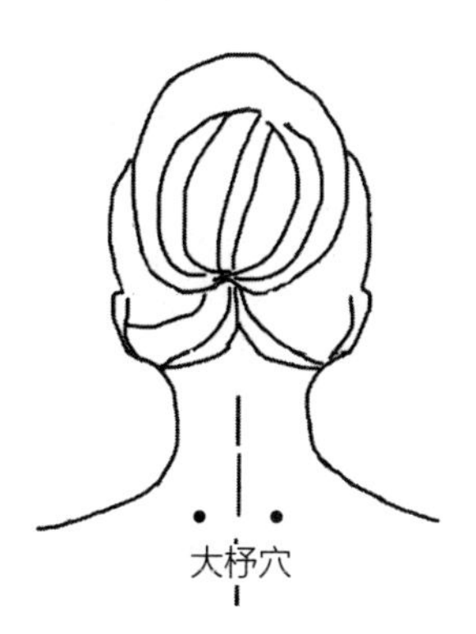

操作：手指弯到背后，中指压住大杼穴，配合呼吸有节奏地压，用力由轻到重，逐渐增加，再由重到轻，持续按压1分钟，使大杼穴有酸胀感，左右两侧分别做，每日3次。

4. 中府穴

取穴：锁骨和上臂骨交接的凹陷处往下1寸的位置。

操作：右手食指压住左中府穴，压时吸气，放时还原。按压10次左右，使被压部位感到酸麻微热，再换另一侧操作，每日做3次。

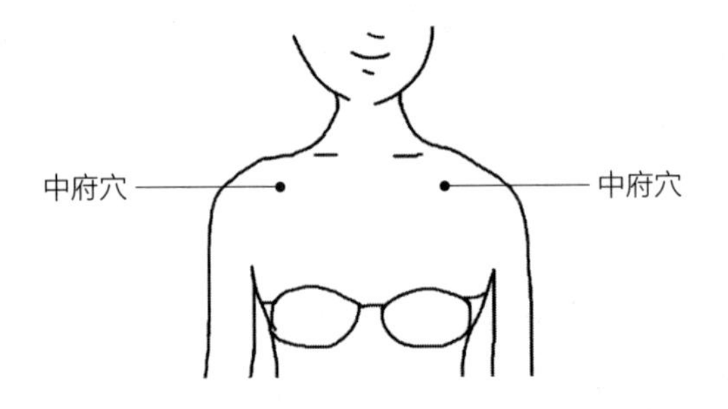

5. 天宗穴

取穴：天宗穴是手太阳小肠经常用的腧穴之一，位于肩胛区，肩胛冈中点与肩胛骨下角连线上1/3与下2/3交点凹陷中，在冈下窝中央冈下肌中，左右两个对称。

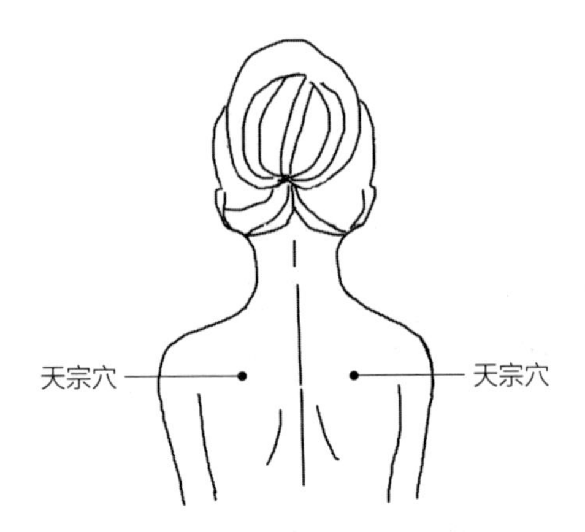

操作：将左手搭在右肩上，用左手中指指腹揉按右边天宗穴；再换右手中指指腹按揉左边天宗穴，如此左右交替进行按摩，以肩膀有明显的酸麻感为宜。

简单的几个穴位按摩，就能使肩颈的气血畅通，缓解肩颈的肌肉疲劳，还能起到燃脂的效果。选穴的时候一定要注意穴位的正确定位，有人协助会方便很多。长期坚持按摩，效果才会更好。

七组动作操，轻松消除圆肩

俗话说“站有站相、坐有坐相”，有个好的姿势不仅看起来优雅，而且对你的身体益处良多。然而，很多女性存在圆肩的情况，那么，什么是圆肩呢？

圆肩也被称作“含胸”，双肩向前，双肩呈现半圆形，所以叫“圆肩”。它属于一种肌肉不平衡的情况，常见于伏案久坐的人。圆肩常常伴随着“蝴蝶袖”和驼背，颈肩向前弯曲还会显得背部宽大有赘肉感。不但穿无袖上衣不好看，还显得人臃肿累赘，所以，矫正含胸成了女性迫切的愿望。

消除圆肩需要我们在工作和生活中保持正确的坐姿——直腰、略微挺胸、沉肩和微收下巴，不应久坐，每隔1小时就应该起来活动活动，放松绷紧的肌肉。最重要的是通过运动来帮助训练肌肉，达到矫正的目的。具体操作方法如下：

（1）自然站立，双腿分开与肩同宽，手握哑铃在身体前平举，掌心相对。吸气，手臂屈肘，手掌停留在肩部前方，用力伸展肩部感受背部肌肉的挤压。呼气，双手回到原位。重复动作15次。

（2）俯卧地上，全身伸直，两臂在腰后伸直两手互拉，然后两腿不动，上身尽可能地离地向上仰起，同时胸部尽量挺起。两臂伸直并用力帮助抬起。仰起时吸气，放下还原时呼气。做5～10次。如能轻易做到12次，可双手加握一个哑铃来做。

（3）右腿向前迈出一步，膝盖弯曲90度，左腿支撑，左小腿与地面平行，注意右膝盖不能超过右脚。双臂垂直于身体两侧，肘关节紧贴体侧，将哑铃抬起靠近肩部，一组10次。然后双腿交换再做一组。

（4）屈膝下蹲，两手略狭于两肩宽度握一个体操棒或短棍。然后起立，两臂伸直往头上尽高处举起，并平稳用力往后拉，同时胸部尽量向前向上挺起。每次起立时吸气，还原时呼气，可做10～20次。

（5）肩部肌肉收紧就不易变形。站立，双脚与肩同宽。双膝稍稍弯曲，将重心放在双脚之间。哑铃举在胸前，以出拳的方式左右轮流向前伸直，保持2秒钟收回，左右各10次。

（6）仰卧，两腿弯曲，两臂伸直分握哑铃，手心相对，背部紧贴凳上。吸气，直臂将哑铃往两侧拉下至与肩平，同时胸部尽量挺起，稍停呼气。然后将哑铃回至胸上重做，每组10～15次。

（7）两只手掌在胸前交握，提高左手手肘将两手臂抬至左肩部上方的最高点，保持3秒钟，然后抬高右边手肘将两只手带往右边肩膀上方的最高点，保持3秒钟。这样可以有效地减少肩膀后侧的脂肪堆积。

以上7个动作能很好地发展胸部、肩部和背部肌肉，增进肩关节的柔韧性，每天坚持训练，对矫正含胸有一定的帮助。除了训练外，每天工作的时候，尽量以挺胸、沉肩的姿势维持坐姿，这样不仅能改善关节肌肉的疼痛，而且也使你的训练效果更快地体现出来。

手臂操，与“蝴蝶袖”说再见

背心、吊带当道的季节，很多女性每当看着别人露出纤细的胳膊，再看看自己的“蝴蝶袖”，连无袖的衣服都不敢穿了，心里真不是滋味。如何瘦手臂才有效，赶紧来练习下面的手臂减肥操吧！只要持之以恒，就能轻松减掉双臂赘肉，让你变身玉臂美人。

手臂操一

（1）将左臂伸直，举向天空。

（2）右手握住左臂的肘关节，带着压力向左手臂根部一下接一下地捏压，力度是让肌肉恰好感到有些酸疼。右臂的动作同上。

伸向天空的手要用力向上延伸，按摩的手要多用一些力气。这个动作能排毒，而且促进脂肪的燃烧，而肌肉在抵抗压力的时候又会消耗脂肪。

手臂操二

（1）站立姿势，双脚分开半个肩宽，双臂放松，垂于体侧。

（2）双臂向左右两侧水平抬起，双掌竖起，掌心向外。

（3）整条手臂往前画圈30次。

（4）手臂还原，再往后画圈30次。

做动作时，你会感觉腋下及手臂外上侧的肌肉绷得紧紧的，这是动作见效的结果。每天这样练习不少于3次，两个月后腋下的赘肉就会大有改善，软软的手臂外侧也会变紧实。同时，这一组动作还有活动肩关节的作用，使肩部更加灵活，手臂线条更加优美。

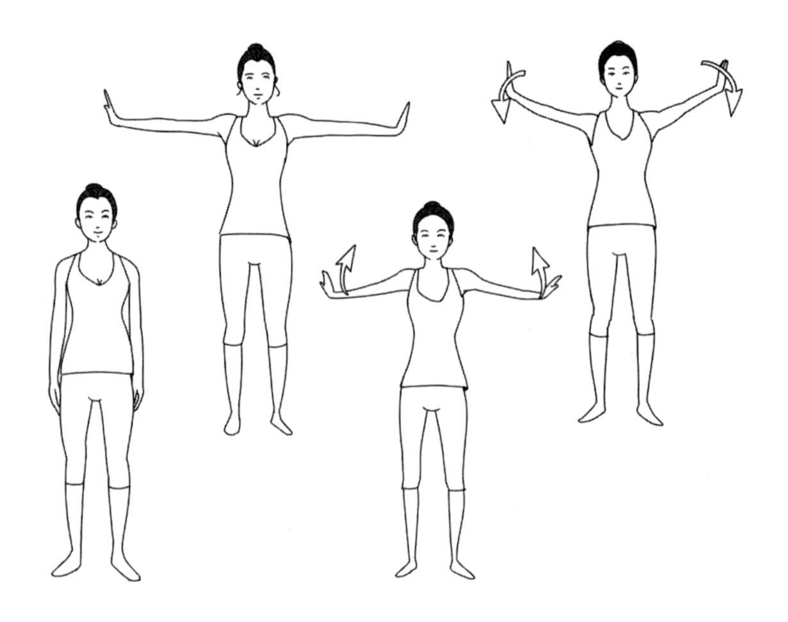

手臂操三

（1）站立姿势，双脚分开与肩同宽。

（2）双臂向后做绕环运动。一种是将双手搭在双肩上，做小绕环运动。另一种是双臂像大雁一样完全张开，做向后的大绕环运动。

训练时，要把注意力集中在上臂后缘。这个动作的重点是，当手臂绕到后半圈的时候，要尽量向后，充分感受到大臂后内侧的拉伸。长时间做这个动作会让肩膀前侧非常酸痛，这个时候请从大绕环变成小绕环，不要给手臂其他的部位造成负担。

普拉提赶走“麒麟臂”烦恼

很多肥胖的女性都有着“麒麟臂”的烦恼，而且手臂瘦起来比较困难，过大的运动量容易让肌肉越来越结实，甚至起到相反的作用。而不得不说普拉提是一种很好的运动，它是一种静态的运动，讲究的是呼吸协调，可以边运动边听柔和的音乐来进入冥想境界，通过缓慢的拉伸来燃烧脂肪，尝试练习下去你会发现它神奇的瘦臂效果哦！

1. 百次振臂

（1）仰卧，屈膝抬脚，大小腿夹角呈90度，夹紧双膝。

（2）抬头提肩，双臂抬起放于体侧，与地面平行，腹部收紧。

（3）深呼吸的同时，快速上下振臂100次，振幅保持20厘米。

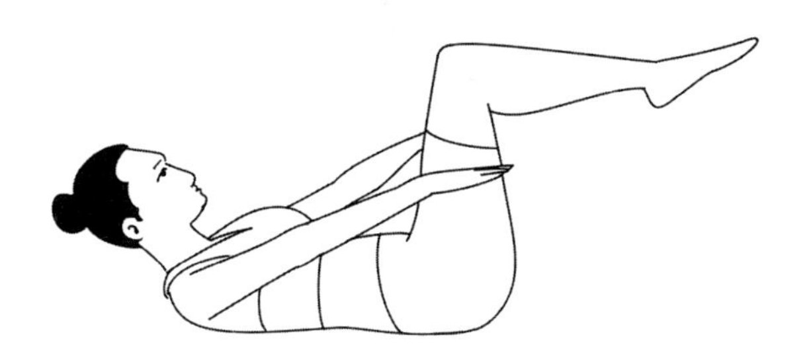

2. 斜板支撑

（1）四肢撑地，手掌与肩垂直。

（2）撤右脚直腿，右脚尖点地。

（3）撤左脚与右脚并拢，使身体呈斜板。

（4）呼气的同时，抬右腿，吸气落下，再抬左腿。重复本套动作10次。

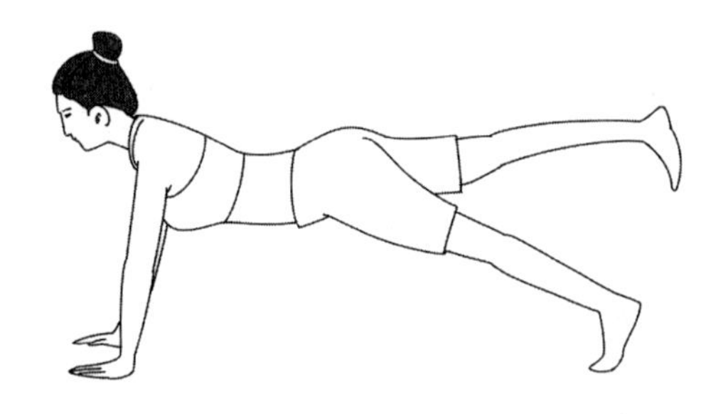

3. 花式踢展

（1）吸气的同时，提右膝，双臂直臂对掌举至过头顶。

（2）呼气的同时，落臂经体侧划弧至前平举，同时后踢右腿。

（3）换另一侧做同样练习，重复本套动作8次。

4. 美人挺展

（1）右臀坐地，侧展双腿，左脚在前，右脚在后，右手做支撑。

（2）吸气的同时，上升骨盆，使身体与地面呈45度左右，左臂伸直靠近左耳侧，呼气的同时，下降骨盆，左臂落回体侧，重复本套动作5次。

（3）弯膝跪坐，右臀坐地，吸气，抬升右臂贴近右耳，呼气，脊柱向左弯曲，伸展右侧髋部和肋间，保持10秒钟。

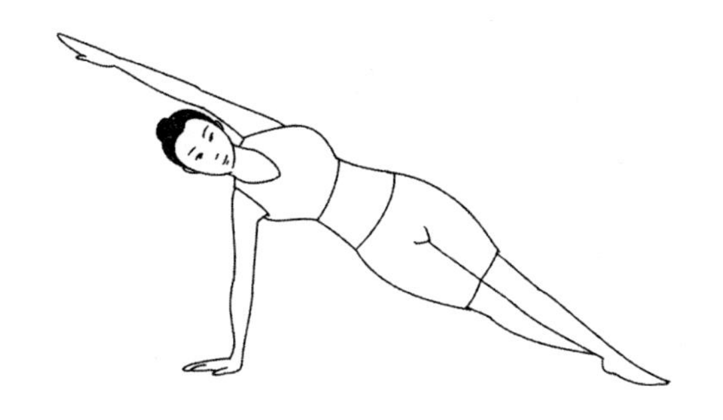

以上这几套动作能很好地加强手臂周围肌肉的伸展，同时也可以使肩膀和背部得到舒展。经常做这些练习，不但可以重塑你的体型，还可以修炼你的气质。无论骨感还是质感，纤细的双臂都会为你增色不少。

塑造美背运动大盘点

美背操，帮你打造迷人背影

许多女性对背部线条并不在意，因为它“露脸”的机会太少了，所以几乎不重视背部的锻炼。然而，夏天穿着薄薄的衣服，甚至露背装，背部的美丑就显现出来了。

所以，只有平时不断强化背肌的训练，才能使自己具有充满魅力的外表，把背部塑造成引人注目的新“看点”。如果背上横肉一片会严重影响美感，下面为大家推荐一套只需几分钟的美丽肩胛减肥操，让你快速美背。

美背操一

（1）跪坐在地上，臀部坐于双脚上，双臂自然下垂，收腹挺胸。

（2）双臂缓慢前伸，上半身慢慢下压，与膝关节靠近，头部尽量下压。

（3）停顿几秒钟后，缓慢抬头起身，重复10～15次。

美背操二

（1）双手直臂向前抬起，掌心向下。

（2）吸气不动，呼气时双手握拳屈肘向后挤压背部，头部后仰，肩部注意尽可能地下沉，想象双肘在身后腰部碰到一起，坚持5～15秒钟，均匀呼吸。

（3）呼气时双臂前伸，背部缓慢弯曲，肩胛骨展开，感觉背部充分伸展。

美背操三

（1）跪在地上，双膝打开，与臀部同宽，小腿脚背紧贴地面。

（2）吸气，同时慢慢将骨盆翘高，腰向下微屈，呈一条弧线。眼望前方，肩颈放松，保持颈椎与脊椎连成一条直线，不要过分抬高头部。

（3）呼气，同时慢慢将背部向上拱起，脸朝向下方，视线望向大腿位置，直至感到背部有伸展的感觉。配合呼吸，重复8次。

（4）再次挺直腰背，同时抬起左脚向后蹬直，直至与背部平行，脚面绷直，右手向前方伸展。抬头，眼望前方，伸展背部。伸直的手和脚与地面保持平行。

美背操四

（1）仰躺，视线朝着天花板。两胳膊向左右伸展，胳膊肘弯曲。

（2）双肘贴着地板，然后两肘再用力压住地面1秒钟，反复进行此动作。

以上这四组背部操，能很好地伸展背部和肩部，改善血液循环，消除酸痛和疲劳感，做的时候注意动作要缓慢，突然用力容易拉伤肌肉，造成关节损伤。

巧用道具瘦美背

有人说“女人的背部是性感之丘”，的确，性感的背部令女性看起来更有魅力。那么，如何才能迅速美化背部线条，雕琢出优美的背部曲线呢？我们可以运用生活中的一些道具来做美背运动。

1. 矿泉水瓶

（1）站立，双脚打开，与肩同宽。肩颈放松，双臂自然下垂，双手各握一个装满水的矿泉水瓶。

（2）上身前倾与地面平行，两臂自然向后抬起，用背部肩胛骨挤压脊椎，然后慢慢还原。重复8～10次。

这里用装满水的矿泉水瓶代替哑铃，使抬起的双臂受到水的“坠力”，对平衡和拉伸的作用更好，注意肩部放松，并收腹。

2. 枕头

（1）仰卧在地板上，在背部垫一个枕头。

（2）屈起双臂用手撑地，然后慢慢伸直双臂，利用腰部的力量使上身向后仰，同时抬高头部，保持5秒钟后复位即可。注意动作中要一直保持双脚并拢。

这个动作和瑜伽的“眼镜蛇式”很相像，但背部垫上枕头，会更有利于挤压背部脂肪，加速热量的消耗。

3. 弹力跳绳

（1）双腿开立与肩同宽站好，把跳绳中部踩在脚下，双手各执跳绳一端。

（2）双膝微屈，先向前平伸双臂拉跳绳，还原后再向左右两侧抬平双臂拉跳绳，最后像飞鸟一般向后抬双臂拉跳绳。

每次至少做20组，每日早中晚各这样练习一次，一个月后，后背就会紧绷许多，也会越发有弹性。

4．毛巾

（1）上半身坐直，用右手握住毛巾的一头，将毛巾甩至身后，左手抓住毛巾的另一端，双手尽量靠近。

（2）两手互换上下位置，重复15次。

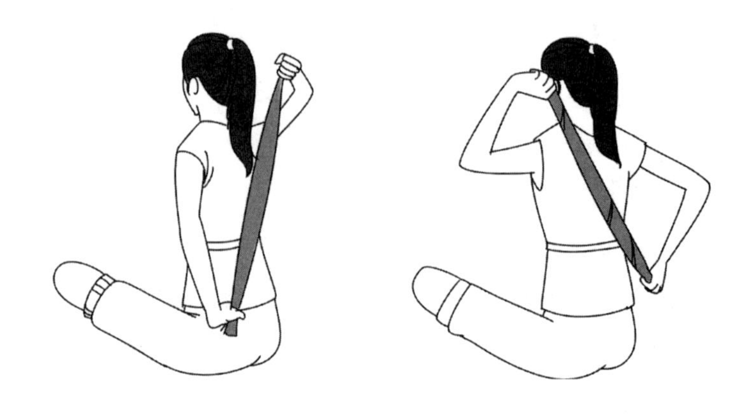

做这组动作时，背部一定要挺直，毛巾也要拉紧，不然美背效果会大打折扣。

5．书本

（1）站立姿势，两脚分开与肩同宽。双手背后并抓住一本书。

（2）将书尽量向上举起，双臂要伸直，身子保持挺直，感觉背部肌肉紧绷为佳，还原，连续做20次。

做这个动作时，手臂和双腿都应该保持伸直，尽量将书送至最高处再放下，注意不要使用腰部力量，通过手臂力量拉伸背部，达到瘦臂与瘦背的双重效果。

以上5种随时可取的物品都能很好地帮助你做瘦背运动。当然，生活中有太多的物品可以拿来辅助运动。只要发挥想象，你就会发现运动中的无限乐趣，从而在愉悦中瘦出美背。

普拉提运动，塑造性感背部

普拉提主要是锻炼人体深层的小肌肉，维持和改善外观正常活动姿势、达到身体平衡、伸展躯干和肢体的活动范围和活动能力，强调对核心肌群的控制、加强人脑对肢体及骨骼肌肉组织的神经感应及支配，再配合正确的呼吸方法所进行的一项全身协调运动。下面介绍一套美背的普拉提运动操，让你的背部开始燃烧起来！

1. 摇摆滚动

（1）坐地屈膝。足跟拉至臀前，双手握于膝盖窝处，双脚略分开，脚尖轻点地。

（2）尾椎支撑，下巴内收，后拉脊柱伸展整个背部，双脚离开地面。

（3）吸气的同时，身体向后滚动至肩胛骨处。

（4）呼气的同时，身体向前滚动恢复到坐位平衡，脚尖尽量不落地。

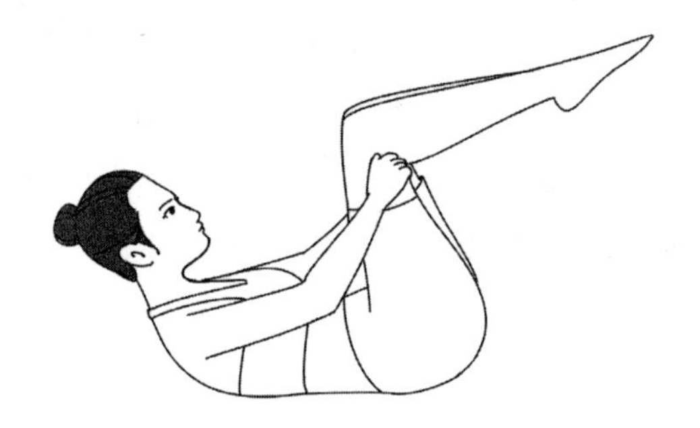

2. 伏地挺身

（1）双脚并步站立，低头卷曲椎骨，双臂垂于体前。

（2）呼气的同时，头向地面方向放松，身体向下弯曲，双手碰触地面，吸气的同时，双手交替前爬，至髋骨展平。

（3）呼气的同时，屈肘上体下沉，吸气的同时，推直双肘。

（4）呼气的同时，臀部上升，双手交替后爬至脚前，上升背部，展开脊柱，站立还原，重复本套动作3次。

3. 含震呼吸

（1）双脚并步站立，吸气的同时，侧举臂在头上合掌。

（2）呼气的同时，双臂落于体侧。

（3）吸气的同时，双臂在胸前扩胸。

（4）呼气的同时，双臂在胸前相合，含胸。重复本套动作5次。

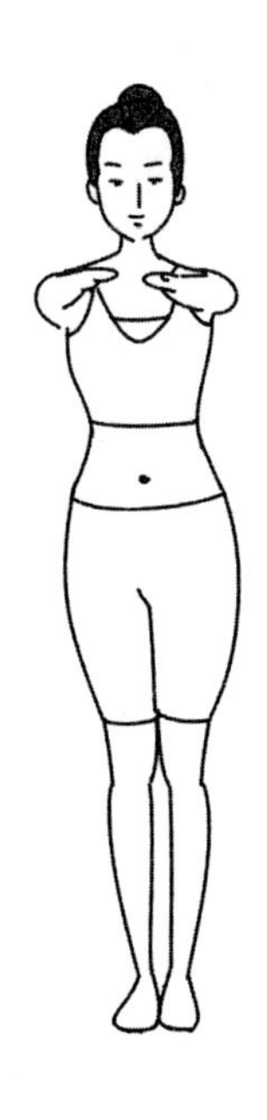

这套普拉提操非常适合缺少运动的上班族，长时间坐在办公室，肌肉容易失去力量，支撑不住身体，所以容易出现腰酸背痛、肩颈紧张等症状，久而久之就会引起身型线条走样。而这套普拉提运动操则有助于重新伸展绷紧的肌肉，好似做深层按摩，同时练习肌肉耐力，令身体压力再平均分布。

穿衣懂搭配，水桶腰也有形

这样穿，身材比例更完美

模特的身材大都让人羡慕不已，是因为她们大都身材比较好，看上去又高又瘦，然而我们大多数女性的身材比较都不及模特好，所以无论脸蛋如何好看，却始终不管怎么穿都不好看。如果说身体过瘦和过胖都还可以通过自己的努力来改变。那么，身材比例就只能够靠服装来完善了。

常常听到别人说，某人的身材实在是太好了，简直就是魔鬼身材，那你知道真正的魔鬼身材是什么样的吗？完美身材比例的标准又是什么？下面就来告诉你真正完美魔鬼身材的标准比例。

手臂曲线围度：身高×0.16

匀称的大腿曲线围度：身高×0.32

坚挺的上围曲线围度：身高×0.53

玲珑的腰部曲线围度：身高×0.37

圆润的臀部曲线围度：身高×0.32

小腿标准曲线围度为28～34厘米

上下身的完美比例：以肚脐为界限，上下身的比例应是5比8

或许你并没有拥有上述的魔鬼身材和完美比例，甚至是身长腿短。但是，通过衣服的搭配和修饰，你依旧可以突出完美身形。只要穿着得体，人人都能变成魔鬼身材。

（1）使用马甲。用马甲吸引别人对上身的注意力，下身则可以配上长裙来遮掩腿短的缺陷，这样便可以拉高自己的腰线，看上去就不再上长下短了。

（2）用腰带做装饰。腰带是拉高腰线的一个法宝，在胸部周围加上配饰，例如长项链，既可以加深胸部的曲线，还可将人的注意力往上移，自然而然就转移了对下身的注意。

（3）高腰长裤。可以让下身看起来更长，如果配上超短的上衣，就可以在视觉上营造一种上身较短的效果，这样就可以让你的身材曲线完美体现。

另外，需要注意上身是短装上衣，下身就要穿高腰裤子，如果臀部较大，一定不要穿窄脚裤，这样会使臀部更大，给人视觉上不协调的印象，可以穿小喇叭形裤；上身如果穿长装上衣，下身最好穿五分裤或更短的裤子，露出小腿会给人腿很长的视觉效果，这种穿法易搭配一般的单鞋。最好是高跟鞋，最忌讳的就是穿靴子。

塑身衣，瘦腰靠不靠谱

很多人觉得塑身衣就是要把自己塞进一个小一号的衣服里，这种认识是错误的。一件好的塑身衣，可以在视觉上让你的身材曲线立马显现，可以说塑身衣对塑形有立竿见影的效果。

作为肥胖的女性，如果你正在减肥的路上，或者减肥还没有成功，不妨选择一件合适的塑身衣来暂时修饰自己的身材吧！

1. 连体塑身衣

全身塑形，从胸围的副乳到腰部、臀部的问题以及大腿的肉肉，全部解决。塑身衣不是把你塞进一个小号的衣服，把肉挤在一起。其实它用了很多裁片设计，把你的肉放到该放的地方。现在的塑身衣有一些更加人性化的设计，符合人体力学，后面甚至还有一个排气的洞洞，让身体随时随地排气，甚至你在伸展的时候都不会觉得手脚不能动，不像被绑住一样。

2. 薄透塑身衣

质地薄透的塑身衣适合夏天，它不会因为料子薄而影响到塑身的功能。它运用了很多不同厚薄度的面料，在该瘦的地方比如小腹运用双层设计来加强拉力。在试穿的时候一定要注意大腿处的设计，如果是靠松紧带来固定的话，就可能出现上下两节的痕迹。要选择大腿处不是紧口设计的，而是用整块面料来拉紧，这种设计会把你多余的脂肪全部都往上推，起到塑形效果。

3. 马甲式塑身衣

样式像马甲，里面有鱼骨，软软的，会让你的曲线变得很漂亮，也会让你的仪态变得很好，因为它能让你抬头挺胸。最好选择胸部做了加宽效果的马甲塑身衣，可以把副乳包进去。

4. 文胸式塑身衣

可以塑造完美胸型，拢胸托胸，收紧背部。搭配平时常穿的普通内衣即可。胸部丰满的女性更适合加宽围度设计的塑身衣，不仅加强稳定性，还防止胸部下垂和外扩。

5. 腰封式塑身衣

腰封式塑身衣，可以帮你塑造身材，把肉肉放到该放的地方，让你的身材曲线更加玲珑有致。

另外，穿塑身衣还需要注意以下事项：

（1）如果你穿上塑身衣之后难受到呼吸都困难的话，说明你可能选的号太小了，不适合你自己的体型。

（2）首次穿塑身衣时间不宜太长，应循序渐进地增加穿着时间，如从4小时延长至6小时再至8小时。

（3）塑身衣如果穿上去感觉不紧了，就是已经变形了，此时的塑形效果大打折扣，起不到塑形效果，就要淘汰换新的。

丰满体型也可以穿得苗条

太过丰满的体型对于现代人来说并不受欢迎。不得不说的是，有些女性无论怎样努力减肥，始终保持原样，甚至喝水都会长胖，这和一个人的体质有关。不必在意这一点，巧妙地利用服饰搭配也能让你显得苗条一些。

丰满女性的特点是脸盘较大、脖围较粗，这类女性要忌讳选择领口小或者领口高的服饰，还要避免选择过于宽松的服饰，这样会显得身材更加臃肿，色彩上要选择深色的衣服，达到收敛的效果，看上去会显得苗条一些，尽可能避免几何图案的服装，如果要选择青花纹的图案，尽量选择细碎的小图案和竖条纹。

手臂过粗的女性，尽量避免选择吊带款式的服饰，而可以选择灯笼袖，这样可以遮住麒麟臂，而竖条纹也会让人显得瘦一些。

雪纺高腰的公主裙是丰满女性的选择之一，宽大的腰带设计可修饰腰部线条，让身材看起来苗条一些，而下身最好配条紧身牛仔裤。

A字裙绝对是丰满女性的经典之选，裙子的长度最好是到大腿的上部一点，上衣要紧一些，这样会让自己看上去“变瘦”。

另外，偏胖的女性选择裙子时不要太短或者太长，长度应该以下摆在膝部附近为佳，过长会显得人又胖又矮。材质上要多选择较柔软的材料，厚重的材质会让人显得更胖。太薄的材质会很贴身，也会显露出丰满的轮廓。在冬天时，则可以采用一些夸张的配饰，大围巾或者色彩层次丰富的披肩来遮挡自己的身材，看上去会更时尚和苗条。

裤子怎么穿更显瘦

肥胖的女性有一个共同点，就是从外表看起来，双腿比较短，这主要是由于上身过于肥胖造成的。所以，通过穿合适的裤子尽量把腿部修饰的细长一些是很有必要的。来看看下面这些穿裤常识吧，懂了之后，你就不会再乱穿裤子了。

（1）穿有色差的车缝线裤子，能让腿部显得更瘦。一般裤子穿起来，你会觉得腿本来是多宽看起来还是多宽，但是如果车缝线跟裤子相比有色差，就会使原本比较粗的腿，看起来好像瘦了很多。

（2）穿侧面车缝线前移的裤子。将车缝线往前移，前面的腿围立刻就变短，看上去腿也变细了。

（3）后片短一点的裤子显臀翘。东方女性臀部都不够翘，穿上裤子后臀部松松垮垮的。因此，臀部不是很圆润的女生应尽量选后片短一点的裤子。如果后片比较长，需要有更大的空间、更大的弧度才能把它撑起来。

（4）口袋上移、“V”字形的剪裁线显臀翘。女生如果想要让臀部看起来更加立体、更加翘的话，应该选择口袋上移的裤子，包括后面臀部会有一个“V”字形的剪裁线，如果没有这一条线的话，没办法起到修饰作用，这个线条越明显越可以让臀部看起来饱满。

（5）不宜选低腰裤。无论现在多流行低腰裤，如果你本身肚子是肉肉的或者两侧腰有赘肉的话，千万不要尝试低腰裤。首先低腰裤无法让腰腹起到收缩效果。其次它会让本来就比较肉的女生更加有赘肉。有调查表明，现代人肚子越来越明显，就是因为穿的裤子的板型越来越低腰。同理，那种宽松的运动裤也千万不要选。

（6）大腿粗不要选锥形裤。如果本来大腿就比较有肉，又选择这种锥形裤，看上去整个身形就会变成“萝卜”，上面会更显肥胖。

（7）喇叭裤可以修饰大腿粗和小腿赘肉。喇叭裤可以修饰比较肉的大腿，甚至你小腿要是不够直或者有肌肉的话都可以藏起来。

（8）中高腰裤在视觉上拉长腿型。中高腰裤看起来腿会比现在拉长很多，上身短了之后，整个人的比例就会变得更好。而且中高腰裤也可以把腰腹之间的小肉肉藏起来。

现在你应该知道怎样穿显得更瘦了吧！不过，鞋合不合脚，穿了才知道，以上说的只是针对大部分人而言。因此，还需要根据个人的喜好来选择，即便是穿对了，如果你非常讨厌这种款式，也没必要为难自己，折中才是最好的办法。

下半身肥胖怎么穿出曲线美

大部分东方女性都存在下半身肥胖的问题，因此希望下半身变得纤细便成为现代女性心中最大的愿望，如何实现这一愿望呢？减肥瘦身固然是需要坚持的，这里还有一个让你瞬间“变”瘦的方法，就是通过服饰来修饰，只要你会穿，即便是肥胖的体型也能穿出曲线。

1. 裙子的选择

（1）胯宽以及下身胖的女性最好放弃褶皱的裙子款式，或者将上衣盖住裙子褶皱的部位，再用两根细腰带系在胯部装饰，把浅色腰带系在上方会显得比例较好。

（2）宽百褶裙会令下身更有膨胀感，肥胖的女性最好不要这样穿；细条百褶裙要选择材质轻薄的，以避免膨胀感。

（3）可选择短裙搭配露出脚踝的鞋子。或者内侧短外侧长的裙子，盖过脚踝。

（4）上半身选择同色系的上衣搭配下半身的裙子，可以拉长视觉效果，显得高挑。

（5）身材娇小、丰满的女性选择极地长裙，可以拉长身材比例。但及踝长裙并不适合每个人，身材娇小的女性慎选。

2. 丝袜的选择

（1）腿型粗壮最好不要穿不透肉丝袜和肉色光面丝袜，这两种丝袜会使腿部显得更粗。

（2）彩色丝袜既亮眼又挑腿型，腿部过粗再穿上彩色丝袜，更容易吸引目光。所以，腿型不完美的人不要尝试。

（3）荧光色的彩袜一般都显胖，所以不宜穿。

（4）丝袜上有小点点不会让腿部有膨胀感，如果点点过大，就会显胖；而底色是深色、点点是亮的丝袜则更显瘦。

（5）如果要穿带条纹的丝袜，最好选择直条纹的，穿上比较有上下延伸感。

3. 上衣的选择

（1）下半身肥胖的女生挑选上衣的禁忌并不多，适合穿H板型、Y板型的中长款上衣。这样能强调纵向线条，而且大腿和臀部赘肉完全被上衣遮住，显瘦效果一级棒。

（2）最好不宜穿超短款上装、超紧身上衣。如果选择了过短或太紧身的上衣，搭配不当就会将下身缺点全部暴露，赶紧换一件宽松板型的短上衣，让大家羡慕你的纤腰吧！

总结来说，对于下半身肥胖的女性，你要知道宽松下装的减重效果优于紧身款；适当掩饰下半身的缺陷，避免重点出现在下半身；注意上下半身的比例平衡，尽量拉长下身比例。只要注重这些原则，就能让你看起来匀称修长许多。